JN281315

組合せ力を受ける
コンクリート部材の設計

泉満明 著

技報堂出版

◀︎⬛︎地震後のコンクリート橋脚の破壊状況
　（立体交差橋）

地震後のコンクリート柱のねじり破壊➡
状況（建物）

橋台の翼壁の沈下による曲げとねじりによるひび割れ発生 ⟹

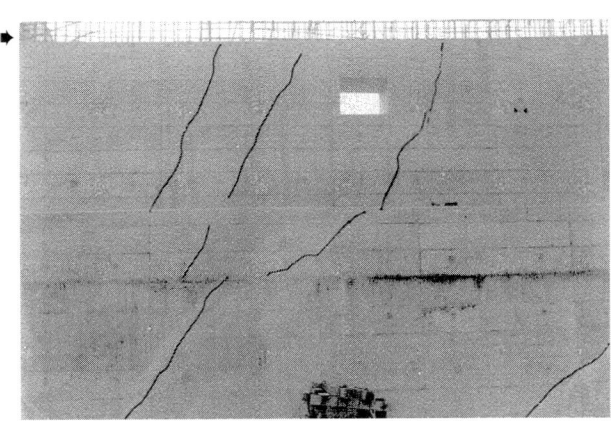

地震による組合せ力を受けた橋脚 ⟹

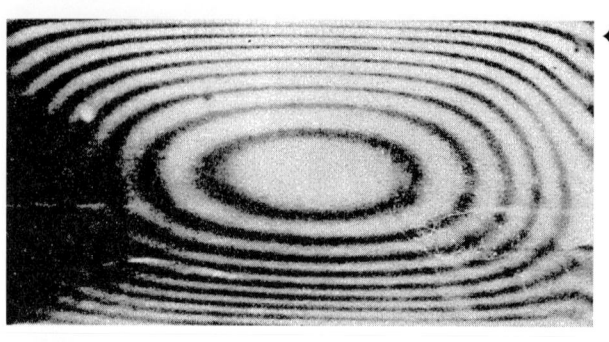

◀── 長方形部材にねじりモーメントが作用した場合の断面の光弾性写真（応力凍結法）

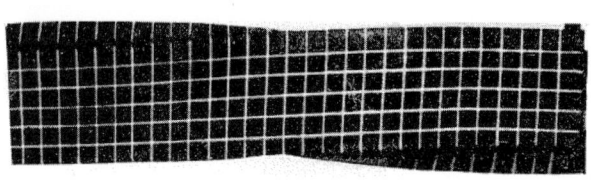

◀── 長方形断面を有するゴムの部材がねじりを受けた場合の変形

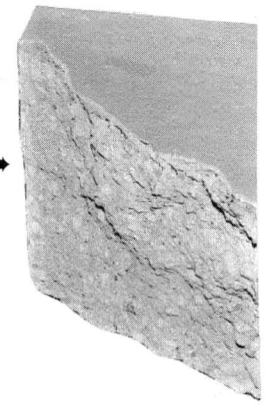

無筋コンクリート正方形部材のねじり破壊面 ──▶

◀── 鉄筋コンクリート円形断面部材のねじりひび割れ状況

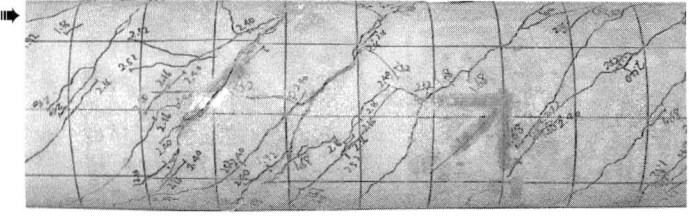

じり補強鉄筋比

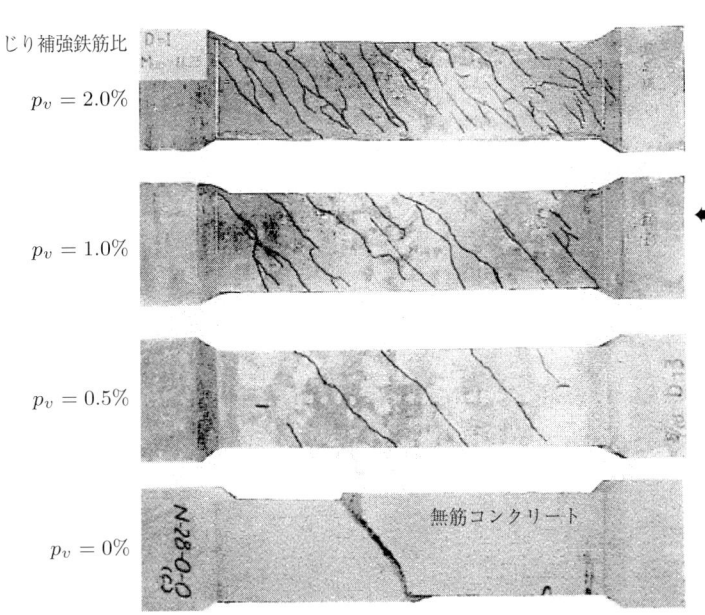

$p_v = 2.0\%$

$p_v = 1.0\%$

◁□□ ねじり補強鉄筋量の変化に伴うひび割れ本数，間隔の差異に注意．すなわち，鉄筋補強量の多いものはひび割れ間隔が狭く，1本のひび割れ幅が小さい．鉄筋量が少なくなるに従って，間隔は広くなり，1本の幅も大きくなる．

$p_v = 0.5\%$

$p_v = 0\%$ 無筋コンクリート

ねじりを受けた鉄筋および無筋コンクリート部材のひび割れ状況

鉄筋コンクリート

人工軽量骨材コンクリート部 ▶□□
材を鉄筋 ($p_v = 1.0\%$) とプレストレス ($50\,\mathrm{kgf/cm^2}$) で補強したもののひび割れ発生状態
鉄筋補強によるひび割れ角度は，部材軸に約 $45°$ をなすが，鉄筋とプレストレスによるものは，部材軸に対してその角度は $45°$ 以下となっている．

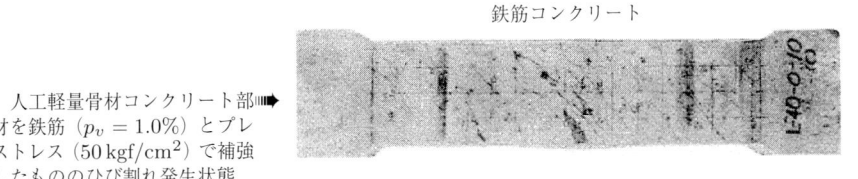

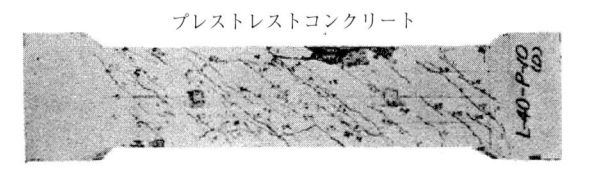

プレストレストコンクリート

ねじりを受けた鉄筋およびプレストレストコンクリート部材のひび割れ状況

鉄骨鉄筋コンクリート部材

上面

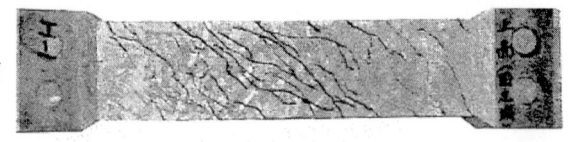

側面

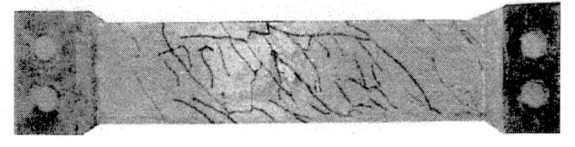

鉄骨コンクリート部材

側面

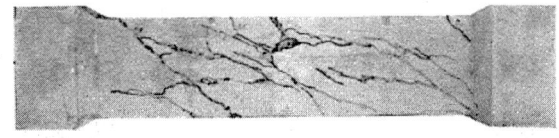

下面

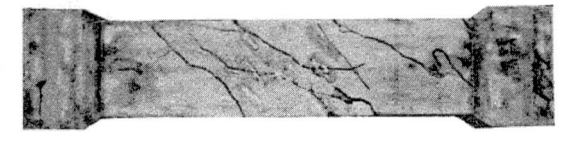

▲ 鉄骨鉄筋コンクリート部材は，鉄筋（$p_v = 2.0\%$），および鉄骨（3.9%）の鋼材で補強したもの．鉄骨コンクリートは，上述の鉄骨 3.9%のみの補強である．ひび割れ発生状態に相当の差異があることに注意．すなわち，鉄骨鉄筋コンクリート部材のひび割れは，主として表面近くの鉄筋により影響を受けている．一方，鉄骨コンクリート部材は，鉄筋が存在しないため，主として鉄骨の影響により，幅の大きなひび割れが少数発生している．いずれの部材においても，側面の水平ひび割れは，鉄骨の突き出したフランジの影響によるものであろう．

ねじりを受けた鉄骨および鉄骨鉄筋コンクリート部材のひび割れ状況

純曲げから純ねじりに変化するモーメントを受ける鉄筋コンクリート部材（$p_v = 1.0\%$）の側面に発生するひび割れの状態

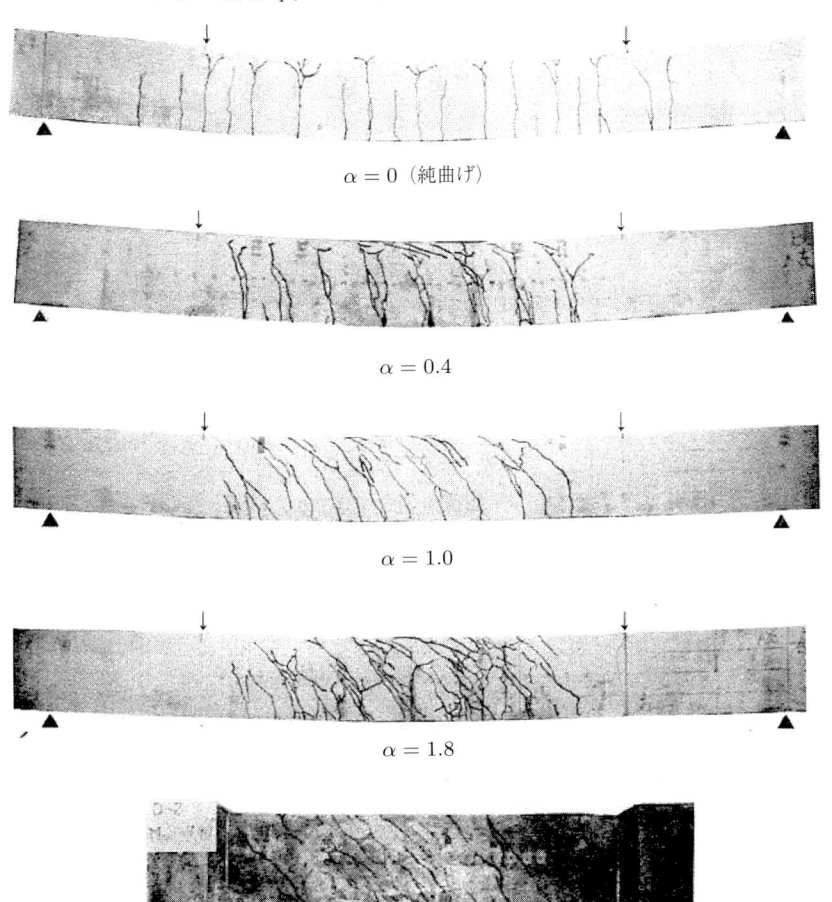

$\alpha = 0$（純曲げ）

$\alpha = 0.4$

$\alpha = 1.0$

$\alpha = 1.8$

$\alpha = \infty$（純ねじり）

正方形断面を有する鉄筋コンクリート部材に $\alpha = 0 \sim \infty$ のモーメントを作用させた場合の破壊時のひび割れ発生状態を示す．α の値とともに変化するひび割れ発生状態に注意．
ここで，
$$\alpha = \frac{M_t/M_{tu}}{M_b/M_{bu}}$$
M_t, M_b：組合せ応力時のねじり，曲げモーメント
M_{tu}, M_{bu}：終局純ねじり，純曲げモーメント

曲げとねじりの組合せ載荷のひび割れ状況

交番ねじりを受けた鉄筋コンクリート部材のひび割れ状況
(国士舘大学 川口直能, 久家秀龍氏の提供による)

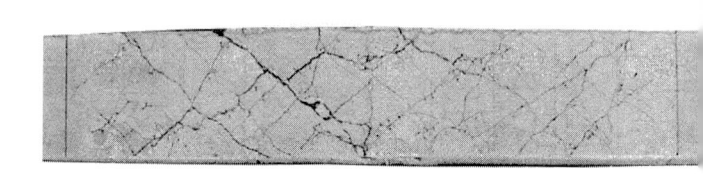

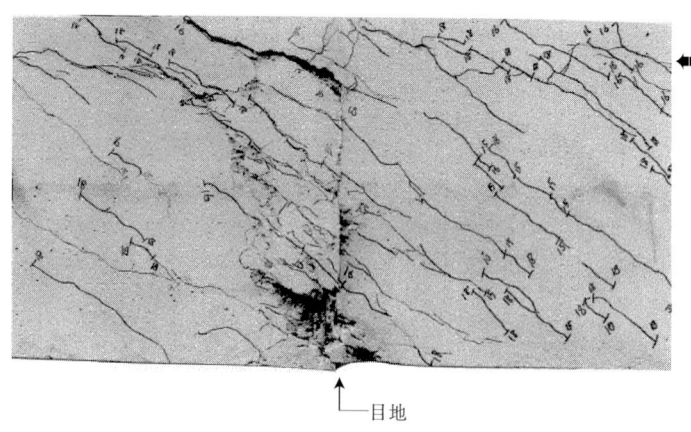

目地部におけるねじりひび割れ状況

目地

まえがき

　筆者は，大学卒業以来コンクリート構造物の設計およびその研究を生業としてきました．本書は，この間に，常に疑問に思い解決しなければと考え続けてきた組合せ力を受けるコンクリート部材の設計法について記述したものであります．この問題は，30年ほど前に，当時不明であったねじりを受けるコンクリート部材の設計法に関する小生の意見を述べた本の中にも記述し，すでに外国における曲げとねじりモーメントの組合せ力を受けるコンクリート部材に関する研究の紹介を行っています．しかし，当時はこれらに関する研究は少なく，実用設計に適用するには不十分な状態でありました．その後，ねじりに関する研究の進歩とともにねじりを含む組合せ力を受けるコンクリート部材の研究も大幅に進み，この間に発表された関連の研究成果は100余の論文となって内外の技術誌に発表され，これらの成果は活用されて世界各国の設計基準に規定として組み込まれてきています．最近，この面での発表論文の件数は少なくなり，研究分野として一応の成熟期を迎えてきていると思われます．しかし，コンクリート部材がねじりを含む組合せ力を受ける場合に関する研究については待たれるものも多く残っているのが現状でありますが，実用設計に関しては，それなりの成果が上げられてきたものと思われます．これらを踏まえてまとめてみたのが本書であり，今後この面での進展が期待されます．

　最近の地震災害調査からも，組合せ力を受ける場合のコンクリート部材の設計が実際の構造物にとっては極めて重要であることが明らかとなってきました．それに加えて，構造物の設計法が性能設計になってきた現状では，組合せ力を受けるコンクリート部材に関する設計法が，合理的かつ経済的なコンクリート構造物の設計，さらに省材料設計は地球の環境対策からも不可欠となってきました．以上のような現状を考えて，前著の改訂ではなく，ねじりをも考慮した組合せ力を受けるコンクリート部材の設計を中心に新たに記述を行ったもので，一般の設計者に活用でき，さらに学生のコンクリート部材設計の理解を深めること，この面に関心を向けている研究者の手掛かりとして利用できるものとしました．

したがって，本書の構成は，構造物中における部材の受ける力の説明に始まり，組合せ力の関係を示す相関関係線および曲面を活用した設計法の説明，土木学会基準および道路橋示方書に準拠した組合せ力を受ける具体的な構造および構造部材の設計例，ねじり関連設計資料および付録として，簡単な解説付きの文献集，設計に必要な資料等となっています．設計の実務者，学生にとっては，1～4章が，研究者に関しては5章および付録がさらに利用できるものと思われます．

この本を執筆するに際して多くの内外文献を参考にさせて頂きました．各著者に敬意を表するとともに感謝いたします．

今回の著作に関しても，前著同様，村田二郎東京都立大学名誉教授のご指導をうけました．心からお礼申し上げます．計算例についてはパシフィックコンサルタンツ株式会社 徳川和彦氏に貴重なご意見，ご協力をいただき有難うございました．計算例の算定については大学院生の安田亨君の労に負うところが大きい，ここに謝意を表します．

出版に関しては，技報堂出版株式会社の小巻愼編集部長，天野重雄氏に大変お世話になり深く感謝いたします．

2004年9月

泉　満明

目　次

記号 vii

第1章　構造物が組合せ力を受ける場合 1
1.1　構造物および構造部材における組合せ力 1
1.2　構造物における組合せ力の例 2

第2章　組合せ力を受けるコンクリート部材の設計法 9
2.1　組合せ力を受けるコンクリート部材に関する相関関係 9
2.2　塑性トラスモデルによる組合せ力の検討 11
2.2.1　曲げとせん断の相関関係 12
2.2.2　曲げとねじりの相関関係 15
2.2.3　曲げ，せん断およびねじりの相関関係 18
2.2.4　軸力が作用する組合せ力の相関関係 26
2.2.5　塑性トラス理論の構造物設計への適用 28
2.3　組合せ力を受ける部材の設計計算法 29

第3章　立体構造物の構造解析 33
3.1　静定構造物 33
3.2　不静定構造物 36
3.2.1　一層一径間ラーメン 38
3.3　曲線桁構造物 47
3.3.1　曲線桁橋の部材に作用する荷重 47
3.3.2　曲線桁橋に対するモーメントおよび作用力の算定 48

第4章　コンクリート構造物の設計 51
4.1　構造物の設計方針および手順 51
4.1.1　構造物の設計手順 51

4.1.2　地震時に作用する慣性力 51
　4.2　逆L形橋脚の設計 54
　　　4.2.1　逆L形橋脚の設計条件および使用材料 54
　　　4.2.2　逆L形橋脚の形状寸法 55
　　　4.2.3　常時および震度法による地震荷重作用時における載荷
　　　　　　状態および断面力 55
　　　4.2.4　常時および震度法による地震荷重作用時に対する許容
　　　　　　応力度の検討 57
　　　4.2.5　地震時保有水平耐力法に対する終局荷重作用時におけ
　　　　　　る断面力 60
　　　4.2.6　終局荷重時の検討 64
　　　4.2.7　組合せ力を考慮した設計と組合せ力を考慮しない設計
　　　　　　の比較 77
　4.3　ラーメン橋脚の設計 78
　　　4.3.1　ラーメン橋脚の設計条件および使用材料 78
　　　4.3.2　ラーメン橋脚の形状寸法 79
　　　4.3.3　常時および震度法による地震荷重作用時における載荷
　　　　　　状態および断面力 80
　　　4.3.4　常時および震度法による地震荷重作用時に対する許容
　　　　　　応力度の検討 84
　　　4.3.5　地震時保有水平耐力法に対する終局荷重作用時におけ
　　　　　　る断面力 86
　　　4.3.6　終局荷重時の検討 92
　　　4.3.7　組合せ力を考慮した設計と組合せ力を考慮しない設計
　　　　　　の比較 105
　4.4　曲線桁橋の設計 106
　　　4.4.1　設 計 条 件 106
　　　4.4.2　設 計 荷 重 106
　　　4.4.3　曲線桁の材料特性 107
　　　4.4.4　曲線桁橋の形状寸法 107
　　　4.4.5　床版の設計 108
　　　4.4.6　主桁の設計 110
　　　4.4.7　終局荷重時の検討 114

  4.4.8 組合せ力を考慮した設計と組合せ力を考慮しない設計
    の比較 122
 4.5 設計例のまとめ 123

第5章 ねじり関連設計資料 125
 5.1 鉄筋コンクリート部材のねじり強度 127
 5.2 プレストレストコンクリート部材のねじり強度 129
 5.3 SRC（鉄骨鉄筋コンクリート）部材のねじり強度 130
 5.4 繊維補強コンクリート部材のねじり強度 131
 5.5 ねじり剛性 132
 5.6 ねじり補強釣合い鉄筋比 134
 5.7 各種断面形のねじり設計有効断面積 136
 5.8 有孔梁のねじり挙動と補強 137
 5.9 プレキャスト部材の目地部のねじり強度 138
 5.10 ねじりひび割れ幅 138
 5.11 クリープによる影響（持続ねじりモーメント作用） 140
 5.12 部材の結合部（隅角部）の応力分布と設計 141
 5.13 ねじり疲労 143

付録1 ねじりモーメント関連文献 145
 1. コンクリート部材のねじり設計に関する書籍 146
 2. 研究成果報告集 147
 3. ねじり関連研究論文 148
  3.1 コンクリート部材のねじり強度 148
  3.2 ねじり剛性 154
  3.3 持続ねじりモーメントの影響 154
  3.4 ねじりひび割れ幅 155
  3.5 繊維補強コンクリート 155
  3.6 有孔梁のねじり挙動 156
  3.7 交番ねじりモーメント 157
  3.8 ねじり疲労 157
  3.9 そりねじり関連 157
  3.10 その他（実際構造物への適用など） 158

付録2 コンクリート部材設計式関連 163
    1. 塑性トラス理論の基本方程式 163
    2. 二方向モーメントに関するコンクリート部材の算定法 164
    3. ひび割れ発生後の剛性低下 168

索引 171

記　号

本書で用いる主要記号を以下に示す.

記号の表示

A	A_m :	ねじり有効断面積（近似的にはスターラップで囲まれた面積：$d_v \times b_v$）
	A_w :	横方向鋼材の断面積
	A_l :	軸方向鋼材の断面積
	A_s :	下側または上側の軸方向鋼材断面積
	$\sum A_l$:	全軸方向鋼材断面積
	$\sum A_{tl}$:	ねじりに対する軸鋼材断面積
	A_c :	コンクリート全断面積
	a_1 :	コンクリート圧縮の作用点
	a_3 :	引張合力の重心
B	B_i :	外力モーメント
	b_v :	スターラップの短辺
	b :	部材の幅
C	C_i :	両端を固定されたと仮定した場合の部材に作用する荷重項
	C'_c :	コンクリート圧縮合力
D	D_c :	コンクリート斜材力
	d_v :	モーメントアーム長，スターラップの長辺
	d :	有効高さ，かぶり
	d_1, d_2 :	圧縮縁から引張鋼材，圧縮鋼材までの距離
E	E_c :	コンクリートのヤング係数
	E_s :	鋼材のヤング係数
	e :	集中荷重が作用する偏心距離
F	F_{bly} :	下側軸鋼材の降伏力
	F_{tly} :	上側軸鋼材の降伏力
	f_{wy} :	横方向鋼材の降伏強度

F	f_{ly} :	軸方向鋼材の降伏強度
	f'_c :	コンクリート圧縮強度
	$\overline{F}_l$:	全軸方向降伏力
G	G_c :	コンクリートのせん断弾性係数
H	H :	水平荷重
	h_e :	板要素の厚さ
	h :	柱部材の高さ，部材の高さ
I	I :	断面2次モーメント
J	J :	ねじり剛性
K	$K_1 \sim K_4$:	組合せ力に用いる定数
	k_{he} :	設計水平震度の標準値
	K_{cr} :	ひび割れ発生後のねじり剛性係数
	K_c :	ひび割れ発生前のねじり剛性係数
L	l :	梁部材の長さ，支間長
	l_e :	張出し部の長さ
M	M :	曲げモーメント
	M_0 :	純曲げ強度
	M_{ud} :	引張側に配置された主鋼材を引張鋼材と考えた場合の設計曲げ耐力
	M'_{ud} :	圧縮側に配置された主鋼材を引張鋼材と考えた場合の設計曲げ耐力
	M''_{ud} :	複鋼材と考えた場合の設計曲げ耐力
	M_{xy} :	二軸曲げモーメント
	M_{d1} :	主桁自重の曲げモーメント
	M_{d2} :	橋面荷重の曲げモーメント
	M_D :	設計荷重作用時の死荷重による曲げモーメント
	M_L :	設計荷重作用時の活荷重による曲げモーメント
	M_t :	ねじりモーメント
	M_{t0} :	純ねじり強度
	M_{tud} :	ねじり補強鋼材のある場合の設計ねじり耐力
N	N :	軸方向力
	N_0 :	純軸圧縮強度

N	n_t：横方向に関する単位長さ当たりの力
	n_l：軸方向に関する単位長さ当たりの力
P	P：鉛直荷重
	P_a：地震時保有水平耐力
Q	q：せん断流
	q_t：せん断流（ねじりモーメント）
	q_v：せん断流（せん断力）
	$q_w：\dfrac{A_w f_{wy}}{s_s}$　　$q_w \geq 1.25 q_l$ のとき $q_w = 1.25 q_l$
	$q_l：\dfrac{\sum A_{tl} f_{ly}}{u_0}$　　$q_l \geq 1.25 q_w$ のとき $q_l = 1.25 q_w$
R	R：降伏力比
	R'_i：i 部材の頭部の反力
	R_i：i 部材の基部の反力
	R_s：部材せん断中心の曲線半径
S	s_l：軸方向鋼材の間隔
	s_w：横方向鋼材の間隔
T	t：仮想壁厚さ
	T_s：鋼材の引張合力
U	u_0：横方向鋼材の中心線の長さ（スターラップの全長：$2(d_v + b_v)$）
V	V：せん断力
	V_{ud}：せん断耐力（せん断補強によるせん断耐力）
	V_0：純せん断強度
W	W：地震時保有水平耐力法に用いる等価重量（kN）
	w：部材の自重（死荷重）
X	x：圧縮縁から中立軸までの長さ
Y	y：節点における荷重方向の変位
Z	z_{se}：圧縮応力の合力の作用位置から引張鋼材図心までの距離（$d/1.15$）
α	α_c：コンクリートの部材軸方向となす角度
	α_{se}：横方向補鋼材と部材軸のなす角度
	α_n：N/N_{ud} による係数
β	β：x 軸曲げと y 軸曲げに関する角度

x / 記　号

γ	γ, γ'	：支点から荷重が作用するまでの角度（曲線桁橋）
	γ_i	：i 部材係数
σ	σ_d	：コンクリート斜材の応力
	σ_{ck}	：コンクリート設計基準強度
	σ_c, σ_c'	：コンクリートに対する曲げ圧縮応力度
	σ_s	：鋼材の引張応力度
	σ_{ca}	：コンクリートに対する許容曲げ圧縮応力度
	σ_{sa}	：鋼材の許容引張応力度
	$\sigma_{ce}', \sigma_{ce}$	：プレストレス導入直後の応力度
ζ	$\zeta_1 \sim \zeta_5$	：組合せ力に用いる係数
θ	θ	：節点における回転角
	Θ	：1 支間当たりの角度（曲線桁橋）
τ	τ_m	：平均せん断応力度
	τ_{a1}	：コンクリートのみでせん断力を負担する場合の許容せん断応力度
	τ_{a2}	：斜め引張鋼材と共同して負担する場合の許容せん断応力度
δ	δ	：部材の回転角
	δ_R	：残留変位
	δ_{Ra}	：許容残留変位
η	η_{bi}	：i 部材の曲げひび割れ発生後の曲げ剛性の低下率
	η_{ti}	：i 部材のねじりひび割れ発生後のねじり剛性の低下率
ϕ	ϕ_i'	：i 節点における鉛直面内の回転角
ψ	ψ_i	：i 部材における鉛直面内の部材回転角
λ	λ	：支点から断面力算定位置までの角度（曲線桁橋）

補足として添字の説明を以下に示す．

　　y：降伏，u：終局，l：軸方向，w：横方向，c：コンクリート，s：鋼材
　　i：部材番号または節点番号

第1章 構造物が組合せ力を受ける場合

　一般の構造物および構造部材は通常の載荷状態において曲げ，せん断および軸力を受けるものとして個々の力について設計が行われている．しかし，曲線桁橋，立体構造の縁桁，シェル構造の縁桁，螺旋階段などは通常の載荷状態でもさらにねじりを加えた組合せ力を受けている．さらに，最近における使用材料強度の増大に伴う構造物の大型化，構造部材の小型化，立地条件あるいはデザイン面からの要求による非対称構造物，あるいは大胆な構造形式の採用により，地震時等の大きな水平力が構造物あるいは部材に作用した場合，曲げ，せん断，軸力およびねじりの組合せ力を受け，その各力の影響の程度が通常の載荷状態と全く異なることが多い．したがって，各力の組合せを考慮した構造部材の設計は構造物の耐震性の向上，それによる安全性の増大，さらに個々の力に対する設計の場合よりも省材料で経済的な構造物の設計となる可能性がある．

　以上のことから，この章では各種のコンクリート構造物に作用しているねじりモーメントを示し，組合せ力に対するコンクリート部材設計の必要性について述べる．

1.1　構造物および構造部材における組合せ力[1),2)]

　構造物を構成する部材の設計において，組合せ力の影響を考慮しなければならない場合は，構造物が力学的に非対称であったり，曲線状となっている以外に，構造中における部材の位置，形状，載荷状態，さらに，構造物に対して面外荷重の作用が想定できる．ここでは，通常の設計で出会う構造物中の部材について調べてみたい．

　構造物に作用する組合せ力がねじりモーメントを含む場合には，図 1.1 に示すように構造物の設計の観点からその取扱いには以下のような留意点がある．構造部材に発生するねじりモーメントを整理すると，釣合いねじりと変形適合ねじり

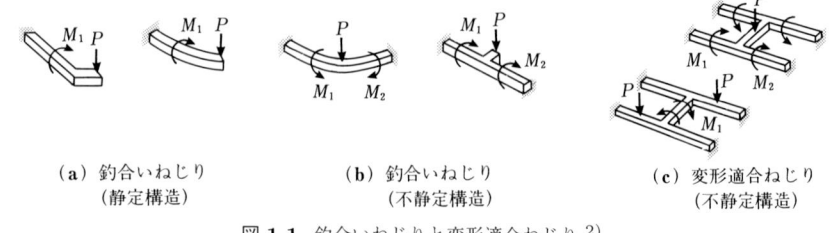

図 1.1 釣合いねじりと変形適合ねじり [2)]

(a) 釣合いねじり
(静定構造)

(b) 釣合いねじり
(不静定構造)

(c) 変形適合ねじり
(不静定構造)

に分類できる．

釣合いねじりは，構造系全体における力の釣合いを維持するために，ある部材が抵抗しなければならないねじりモーメントであり，このねじりモーメントを構造物の力の釣合い計算において無視すると，その構造全体の安定が成立しない．つまり，構造物全体の耐力はねじりを受ける部材の強度にも依存している．

一方，変形適合ねじりは不静定構造物を構成する部材間の変形の適合により生ずるねじりモーメントであり，主として構造物の弾性範囲における変形に影響を与えるものである．一般に，コンクリート部材のねじり剛性は，ねじりひび割れ発生により大幅に低下するため，不静定構造物のコンクリート部材に作用するねじりモーメントは低下する．

したがって，終局限界状態では変形適合ねじりが力の釣合い計算において無視できると仮定して，断面破壊に対する安全性の検討は，釣合いねじりモーメントの場合についてのみ行うのが通常の設計である．一方，変形適合ねじりを受ける場合は，部材断面のねじり剛性を 0 と仮定して設計を行うことになる．しかし，ねじり剛性の大幅な低下があったとしてもモーメント分配に寄与しており，この効果を考慮した方が構造設計上有利となり，全体として経済的な設計となる場合もあることに留意しなければならない．

1.2 構造物における組合せ力の例

図 1.2 は，構造物にしばしば使用される部材の断面とその載荷状態を示したもので，実例としては，橋脚の横梁，建築物の小梁，シェルの縁梁など土木，建築を問わず一般的なものである．

(a) (b) (c)

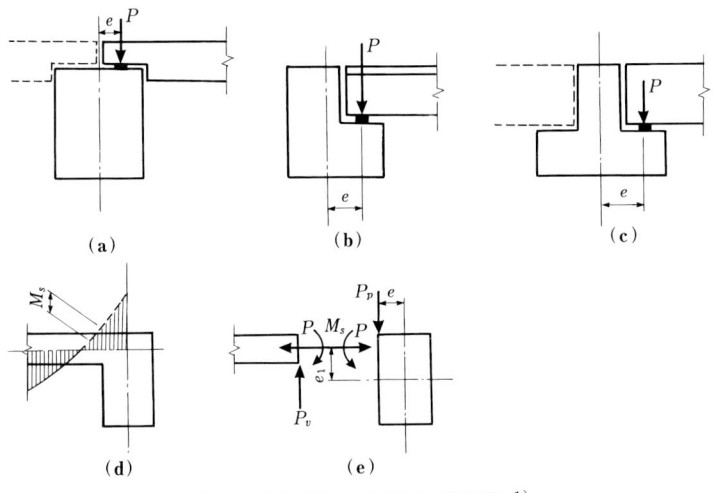

(d) (e)

図 **1.2** 構造部材の断面形と載荷状態 [1]

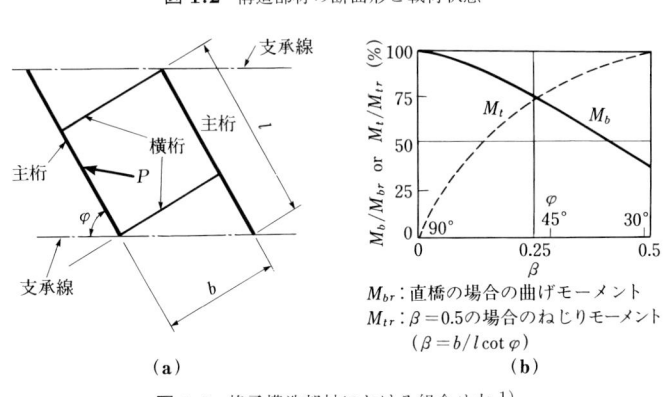

(a) (b)

M_{br}：直橋の場合の曲げモーメント
M_{tr}：$\beta = 0.5$ の場合のねじりモーメント
 ($\beta = b/l \cot \varphi$)

図 **1.3** 格子構造部材における組合せ力 [1]

　これらの場合，死荷重，活荷重により曲げ，せん断およびねじりの組合せ力が作用することは明らかである．図 **1.3** には格子構造桁の骨組みが示されており，集中荷重 P が作用すると，図 (b) に示すように主桁および横桁に曲げ，せん断とねじりの組合せ力が斜角 φ の変化とともにその比率を変えながら作用することになる．

　図 **1.4** には斜め床版橋の載荷による組合せ力の作用についての説明が示されている．図に示すように斜め床版は，支承線が斜めであるため，荷重が床版中心に垂直に作用した場合において，図 **1.4** (b) に示すように支承線の鋭角部では中心

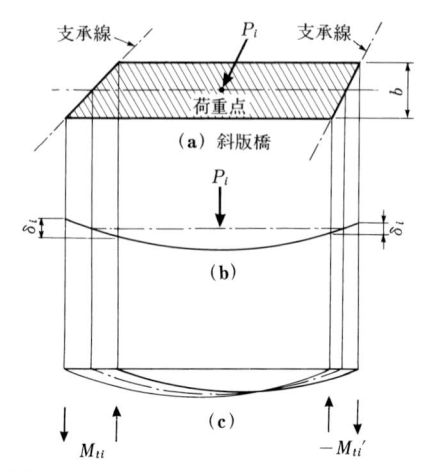

図 1.4 斜め床版橋におけるねじりおよび支承線に沿った曲げモーメント[1]

線上の位置より上に，鈍角部では逆に下となる．これを図 1.4 (c) に示すように，支承線を水平に揃えるためには，版の支承部にトルクを加える必要がある．したがって，床版には曲げ，せん断およびねじりの組合せ力が作用することになる．

図 1.5 に示す曲線桁は曲げ，せん断およびねじりモーメントを受ける構造であり，最近は都市内の高架道路構造，都市間高速道路の建設において大規模でその数も多く建設されてきている．図 1.5 (a), (b) には荷重の種別による曲げおよびねじりモーメント図を示した．

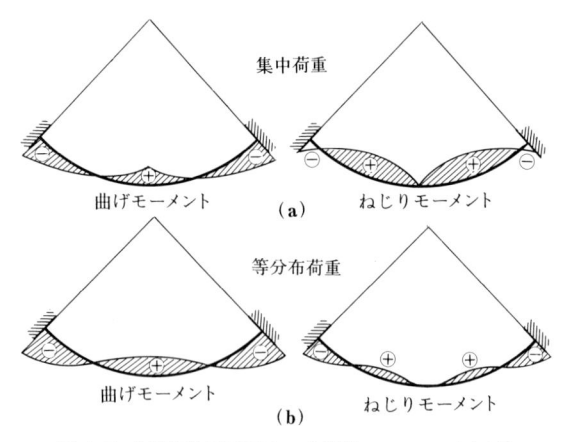

図 1.5 曲線桁と両端固定の曲線桁のモーメント図[1]

各種のラーメン構造は，建築あるいは橋梁構造等に多用されている．これらの構造が通常の載荷において，縁桁がねじりモーメントを受ける例を図 **1.6** に示す．

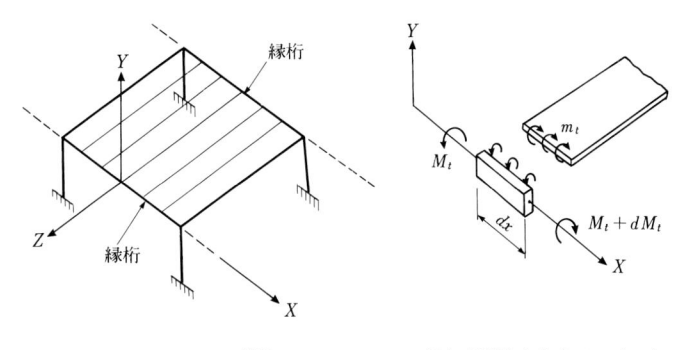

(**a**) ラーメン構造　　　　(**b**) 縁桁とねじりモーメント

図 **1.6** ラーメン構造の縁桁のねじりモーメント [1)]

建物から取り出したラーメン構造におけるねじりモーメントの分布の例を図 **1.7** に示す．

地震等により水平荷重を受けると，図 **1.8** に示すように通常ではねじりモーメ

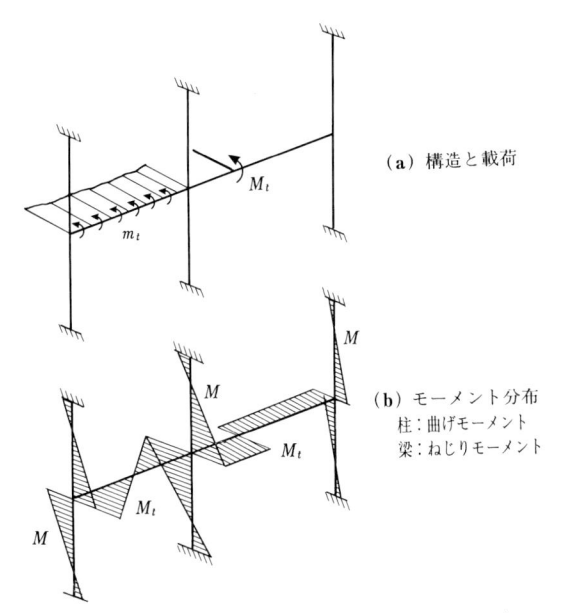

(**a**) 構造と載荷

(**b**) モーメント分布
　柱：曲げモーメント
　梁：ねじりモーメント

図 **1.7** ラーメン構造に発生するモーメントの分布 [3)]

ントの発生をみない構造でも設計上無視できない大きいねじりモーメントの作用を受けるものとなり，組合せ力を受ける部材としての検討が必要となる．逆 L 形構造の動的解析の例を図 1.9 に示す．図から明らかのように柱に交番するねじりと曲げモーメントが作用することがわかる．

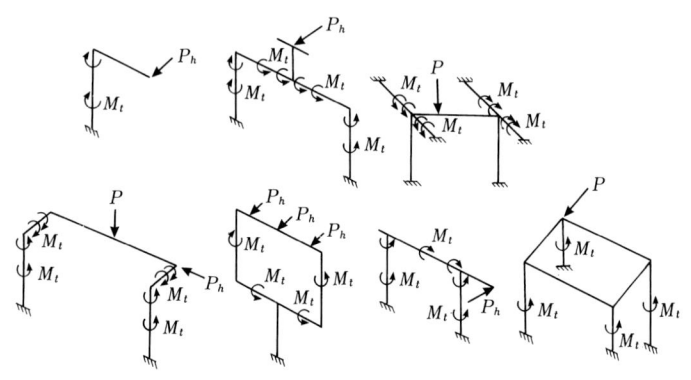

図 1.8 水平力を受けた場合のラーメン構造 [1]

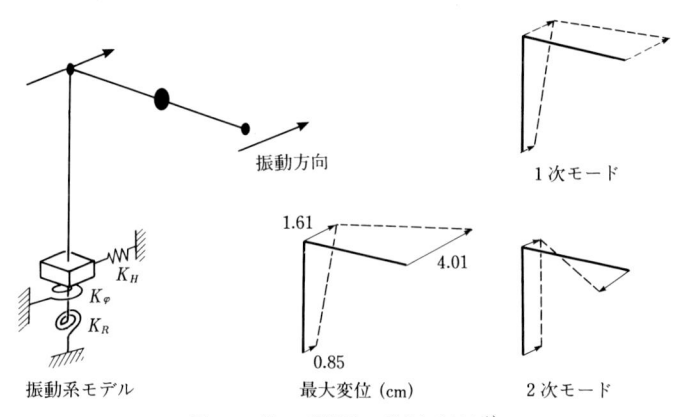

図 1.9 逆 L 形構造の動的解析例 [1]

図 1.10 に示すように建物を平面的にみると，平面的な構造が対称であるとしても耐震壁の配置が構造に対して非対称である場合には，外力（W）（地震による水平力）が作用すると，平面的なせん断中心と重心との距離（e）との積である平面力（ねじりモーメント $M_t = We$）が作用する．まして，非対称構造の場合にはこの影響は大きい．地震の災害の調査では壁のせん断被害が示されているが，建

物全体としての地震時の挙動の検討が必要となる．このことは3次元のラーメン構造では常に検討されなければならないものである．

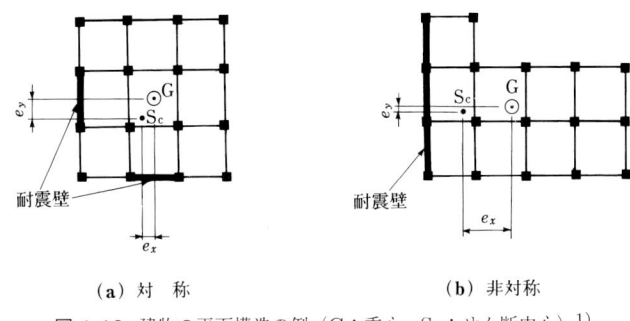

(a) 対　称　　　　　　　　**(b) 非対称**
図 1.10 建物の平面構造の例（G：重心，S_c：せん断中心）[1]

その他の構造についても，組合せ力を受ける部材も多い．その例を述べる．
- ねじ込み杭：これは名が示すように杭にねじりモーメントを与えて地盤にねじ込み，支持力を得るものである．この杭の施工方法は，無騒音，無振動で行えるという大きな利点がある．最近はプレストレストコンクリートにより製作され，建設工事に活用されている．この場合，工事中にはねじりと軸力が杭に作用し，完成後，構造物の供用時においては，水平力などにより，曲げ，軸力，ねじりの組合せ力を受けることになる．
- 浮体構造物：船舶も含めて浮体構造物には，波浪の影響によって種々の外力が作用する．これらの力は，一般に曲げ，せん断，ねじりあるいは軸力の組合せ力である．これには，波浪の波長，構造物の形状が各力の大きさに影響を与えるものである．構造物としては，浮桟橋，施工中浮力を利用するケーソン，沈埋函などがあり，組合せ力に対する補強を行う必要がある．
- 階段構造：階段構造のなかで回り階段は曲線桁とほぼ同じ構造形式であるので，曲げ，ねじり，せん断力の組合せ力を受けることになり，設計上これらについての検討が必要となる．

以上に述べたものは，組合せ力に関する設計上の検討を必要とする構造のほんの一部を示したに過ぎない．一般的にいうと，立体構造においては大部分の部材は載荷により組合せ力を受けることになる．平面構造においても面外荷重の影響によって組合せ力を受けることになる．構造全体がねじりを含む組合せ力を受けることになり柱にねじりひび割れあるいは壁にせん断ひび割れの発生 (グラビア参照) がある等，構造の耐震設計上の留意点である．

●——参考文献

1) 泉　満明：ねじりを受けるコンクリート部材の設計法，技報堂出版，pp.10–22，1972
2) 土木学会：2002 年制定 コンクリート標準示方書［構造性能照査編］，pp.72–82
3) Hsu, T. T. C. : Torsion of Reinforced Concrete, Van Nostrade Reinhold Company, pp.342, 1984

第2章 組合せ力を受けるコンクリート部材の設計法

2.1 組合せ力を受けるコンクリート部材に関する相関関係

　構造物中における部材は，通常曲げ，せん断，ねじりおよび軸力の組合せ力を受けている．特に，地震時等においてこれらの影響は大きく，組合せ力の大きさとその比率が全く異なることが想定され，構造物設計上重大な錯誤を生じることもある．したがって，設計において構造物の安全性および経済性を高めるために，組合せ力の影響を十分に考慮しなければならない．現在は曲げ，せん断，ねじり等をそれぞれ独立に取り扱う部材設計が一般に行われてきている．この方法は簡単で確実な設計の一方法であるが，経済的とは言えないし，場合によっては鋼材量が多くなり配置が困難となることもある．これらのことを避けるために，各力間の相関関係を考慮し洗練された設計法が必要と思われる．最近30年間にコンクリート部材がせん断あるいはねじりを受けた場合の挙動に関する研究は塑性トラスモデル等を基本として発展し，さらに，組合せ力を受ける場合のコンクリート部材の設計法の研究が盛んに行われてきている．その研究結果が設計基準等に採用され，相関関係を考慮した設計法が提案されてきている．しかし，曲げ，せん断，ねじりおよび軸力の間の相関関係を考慮した設計法の研究は進んでいるものの実際の設計に適用されるまでには至っていない．以上のことから，ここでは既往の研究成果および現行の設計基準に検討を加えて，実用設計への適用方法の基本概念について述べるものである．

　純曲げモーメント，純せん断力および純ねじりモーメント（St. Venantねじり）のコンクリート部材に関する終局強度式の誘導は，力の釣合いおよび材料の特性を考慮して行った．しかし，ひずみの適合条件は必ずしも満足していない．したがって，誘導された式はコンクリート部材の破壊強度の上界値を与えるものである．部材の補強鋼材量が釣合い鋼材比以下の場合には，それぞれの式は正解を与

えるものとなろう．ここで示す各式は相関関係を構築するための基本式であるので，相関関係を適用する実際の設計では精度の高い算定式を使用することが必要である．

鉄筋コンクリート部材の終局時の組合せ力に関する挙動の研究はThürlimann[1]，Hsu[4]，Elfgren[5]，Kuyt[6]らにより行われ，提案された鉄筋コンクリート部材の相関関係を図 2.1 に示す．これらの曲面は一応理論に基づいているが，実験結果により修正を加えたものである．続いて，多くの研究者によって行われた．さらに，Collins により斜め曲げ理論に基づく4つの破壊モードを包括した相関曲面が図 2.2 に示すように提案された．この図から実用的にはかなり問題があるように判断できる．

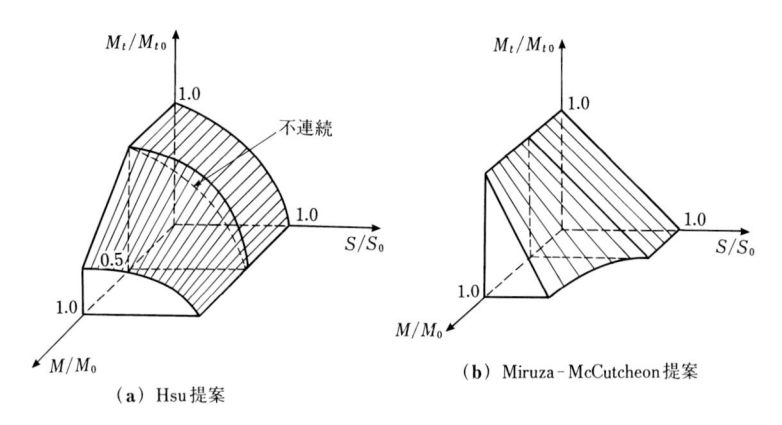

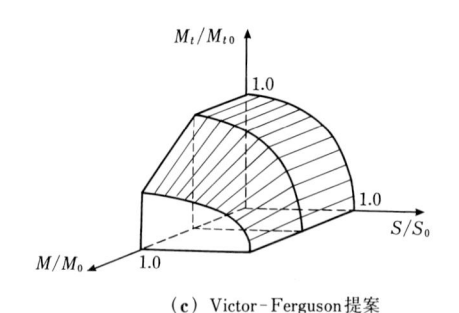

(a) Hsu 提案

(b) Miruza - McCutcheon 提案

(c) Victor - Ferguson 提案

図 2.1 提案された各種の相関関係曲線 [3]

土木学会コンクリート標準示方書では，ねじり設計規定の解説において組合せ力を受ける場合についての設計の考え方が示されているが，実際の部材設計への

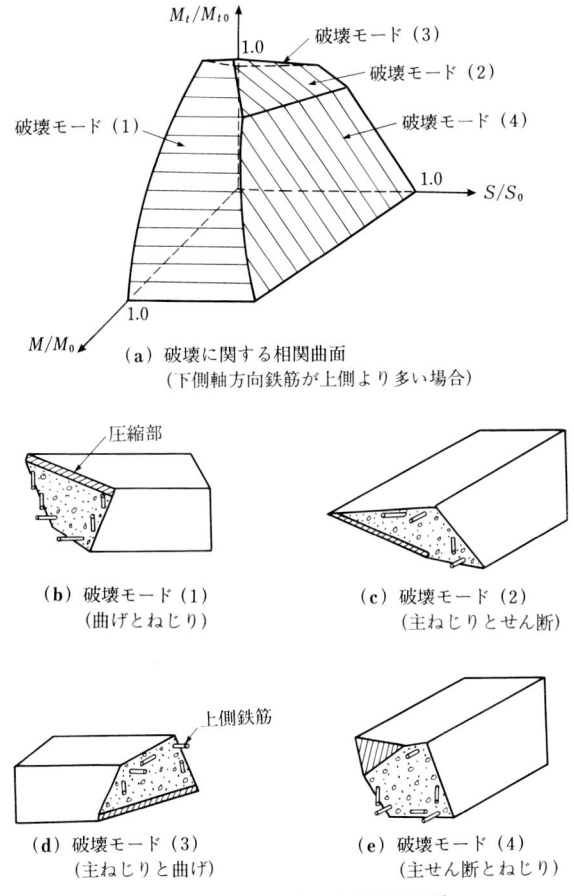

図 2.2 Collins による相関関係面 [3)]

(a) 破壊に関する相関曲面
（下側軸方向鉄筋が上側より多い場合）

(b) 破壊モード (1)
（曲げとねじり）

(c) 破壊モード (2)
（主ねじりとせん断）

(d) 破壊モード (3)
（主ねじりと曲げ）

(e) 破壊モード (4)
（主せん断とねじり）

適用は完全とはいえない．このような現状から，この章では，塑性トラスモデルを基本として各種の組合せ力に関する設計式の検討を進める．

2.2 塑性トラスモデルによる組合せ力の検討

　組合せ力に関する相関関係の誘導は斜め曲げ理論[5)]によるものもあるが，ここでは，塑性トラスモデルに基づいて力の釣合いを基本として終局時の組合せ力を

受けるコンクリート部材（RC, PC, SRC 部材）の相関関係 [1), 3), 4), 5), 10)] について検討を進める．トラスモデルは図 2.3 に示す斜めひび割れを有する鉄筋コンクリート部材のせん断耐荷機構を明瞭に説明することができ，せん断問題の古典理論としてよく知られている．コンクリートの斜め圧縮部材とスターラップ（腹鉄筋）と上弦材および下弦材を組み合わせたトラスアナロジーにより解析が進められる．圧縮斜材のコンクリート強度は組合せ応力により本来の圧縮強度より低下しているが，その強度に至らないことを前提としている．さらに，このトラスはコンクリート圧縮斜材の角度 α_c が補強鋼材量，応力状態によって変化するものである．組合せ力を受けるコンクリート部材の相関関係は部材の断面形，配筋の状態，材料強度等により多少変わるものと想定されるが，ここでは，基本的な長方形断面について検討を進める．

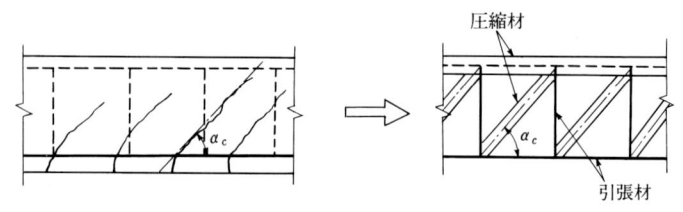

図 2.3 斜めひび割れを有するコンクリート部材

2.2.1 曲げとせん断の相関関係

図 2.4 (a) に RC 部材のひび割れ発生後の曲げとせん断を受ける場合のトラスモデルを示す．このトラスでは圧縮斜材が軸方向と α_c 度（ひび割れ角度）をなすものとする．曲げモーメント M は下側の軸方向鉄筋に引張力 M/d_v を，同じく上側の軸方向鉄筋に圧縮力を発生させる．ここで，d_v は図 2.4 (b) に示すモーメントアーム長である．せん断力 V は図 2.4 (b) に示すようにせん断要素に作用する．このせん断力 V に抵抗するために，図 2.4 (c) に示す力の三角形の釣合いからコンクリート斜材には圧縮力 $D = V/\sin\alpha_c$ が生じ，軸方向には $V\cot\alpha_c$ の引張力が発生する．この力は対称性を考慮すると，上下の軸方向鉄筋は各々図 2.4 (a) に示す $V\cot\alpha_c/2$ の引張力を受け持つことになる．横方向については，せん断力 V は図 2.4 (d) に示す力の釣合いから横方向鉄筋に d_v 当たり $n_t d_v$ の引張力を発生させる．

せん断と曲げの組合せの RC 部材の破壊には 2 つのモードが存在する．

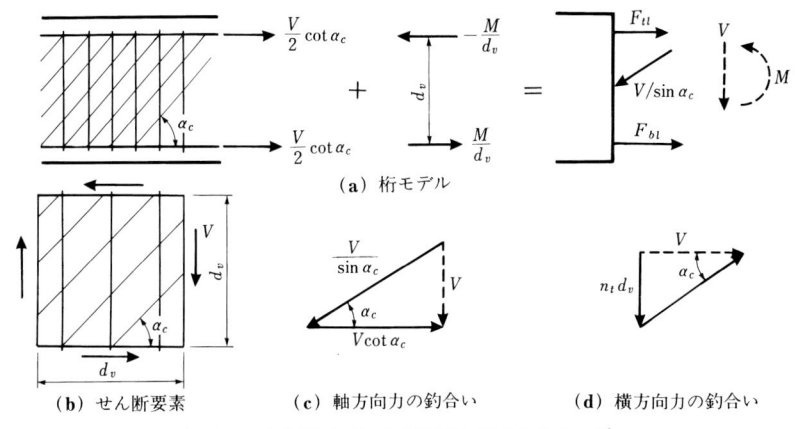

図 2.4 せん断–曲げの相関関係に関する釣合い [1)]

(1) 第 1 破壊モード

第 1 の破壊モードは下側の軸鉄筋と横方向鉄筋の降伏により発生する．図 2.4(b) より，下側の軸方向鉄筋力 F_{bl} および横方向鉄筋の部材単位長さ当たりの力 n_t は，

$$F_{bl} = \frac{M}{d_v} + \frac{V}{2}\cot\alpha_c \tag{2.1}$$

$$n_t = \frac{V}{d_v}\tan\alpha_c \tag{2.2}$$

式 (2.2) を式 (2.1) に代入し，α_c を消去すると，

$$\frac{M}{F_{bl}d_v} + \frac{V^2}{d_v^2(2F_{bl}/d_v)n_t} = 1 \tag{2.3}$$

式 (2.3) は M と V の相関関係を表している．降伏が下側軸鉄筋と横鉄筋に発生すると，$F_{bl} = F_{bly}$ および $n_t = n_{ty}$ となり，純曲げ強度 M_0 および純せん断強度 V_0 は，次式で表すことができる．

$$M_0 = F_{bly}d_v \tag{2.4}$$

$$V_0 = d_v\sqrt{\frac{2F_{tly}}{d_v}}\,n_{ty} \tag{2.5}$$

ここで，F_{tly} = 上側軸鉄筋の降伏力
　　　　F_{bly} = 下側軸鉄筋の降伏力

となる．

式 (2.5) の純せん断力 V_0 は降伏時の下側軸鉄筋降伏力 F_{bl} よりむしろ上側鉄筋が少ない場合を想定しての降伏力 F_{tl} を基礎とすることにする．したがって，上側軸鉄筋の降伏力は下側の軸鉄筋の降伏力より小さいとするもので，最小の正 V_0 の値を与える．せん断による全軸方向力は $2F_{tly}$ と等しくなる．降伏力比 R を，

$$R = \frac{F_{tly}}{F_{bly}} \tag{2.6}$$

とし，式 (2.4)，(2.5)，(2.6) を式 (2.3) に代入すると，M と V の相関関係は無次元式で表される．

$$\frac{M}{M_0} + \left(\frac{V}{V_0}\right)^2 R = 1 \tag{2.7}$$

$R = 0.25, \ 0.5, \ 1.0$ に関する式 (2.7) の各曲線は図 **2.5** に示されている．

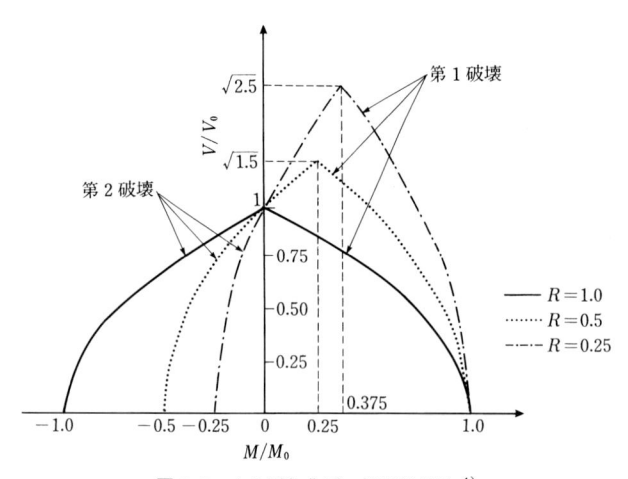

図 **2.5** せん断と曲げの相関関係線 [4]

(2) 第 2 破壊モード

第 2 の破壊モードは，上側の軸方向鉄筋と横方向鉄筋の降伏によって発生する．

$$-\frac{M}{F_{bl}d_v} + \frac{V^2}{d_v^2(2F_{tl}/d_v)n_t} = 1 \tag{2.8}$$

降伏が上側の軸鉄筋と横鉄筋に発生したとすると，$F_{tl} = F_{tly}$ および $n_t = n_{ty}$ となる．M_0，V_0 および R を式 (2.4)，(2.5)，(2.6) より，式 (2.8) に代入すると，無次元の M と V の相関関係式が得られる．

$$-\frac{M}{M_0}\frac{1}{R} + \left(\frac{V}{V_0}\right)^2 = 1 \tag{2.9}$$

せん断と曲げの第 1，第 2 破壊モードに関する相関関係が $R = 0.25,\ 0.5,\ 1.0$ に関して図 **2.5** に示されている．同図から理解を容易にするために，$R = 0.5$ の場合，上側軸鉄筋は下側の 1/2 降伏力であり，モーメントは V/V_0 の大きさに関連し M/M_0 が 0.25 より 1 の間で変化する．$M/M_0 = -0.5$ の場合，この負のモーメントは降伏力と等しい上軸鉄筋の引張力を発生する．その結果，上側軸鉄筋を基礎としているせん断強度 V は 0 となる．モーメントが増大すると，曲げによる上側軸方向鉄筋の引張力が減少する．上側軸方向鉄筋の残留引張力はせん断抵抗に利用でき，その結果，せん断強度の上昇が生じる．モーメントが零となった場合（$M/M_0 = 0$），上側軸方向鉄筋の全耐力はせん断抵抗に利用でき，せん断耐力 V は純せん断力 V_0 （$V/V_0 = 1$）となる．

モーメントが正の場合，上側軸鉄筋に圧縮応力が導入される．その結果，$M/M_0 = 0.25$ で第 1 破壊モード（下側の鉄筋の降伏）に変化するまでせん断力は増加を続ける．この場合には，上，下の軸方向鉄筋が同時に降伏状態に到達する．このピーク点は可能な最大せん断強度を示す．この点を超えると，せん断強度はモーメントの増加とともに減少する．この破壊は下側鉄筋の引張降伏によって発生する．下側の鉄筋では，せん断と曲げによる引張応力は累加される．モーメントが純曲げモーメント（$M/M_0 = 1$）に達すると，下側鉄筋はモーメントで降伏し，せん断耐力は消失し，せん断強度は 0 （$V/V_0 = 0$）となる．

上，下の軸方向鉄筋が同時に降伏する最大せん断力は第 1 と第 2 の破壊モードを示す 2 曲線の交点として得られる．これらのピーク点の位置 V/V_0 は式 (2.9) に R を乗じ，式 (2.7) に加えて，M/M_0 を消去することによって以下にように得られる．

$$\frac{V}{V_0} = \sqrt{\frac{1+R}{2R}} \tag{2.10}$$

同じく，M/M_0，R を式 (2.9) に乗じ，次に式 (2.7) よりそれを引き，V/V_0 を消去して，求める．

$$\frac{M}{M_0} = \frac{1-R}{2} \tag{2.11}$$

例えば，$R = 0.5$，式 (2.11) および (2.10) よりピーク点は $M/M_0 = 0.25$ および $V/V_0 = \sqrt{1.5}$ となる（図 **2.5** 参照）．

2.2.2 曲げとねじりの相関関係

ねじりと曲げを受ける RC 部材のひび割れ発生後のモデルを図 **2.6** に示す．曲げモーメント M により下側の軸方向鉄筋は M/d_v の引張力を受け，同じ圧縮力

(a) ねじり (M_t)　　(b) 曲げ (M)　　(c) 曲げ+ねじり

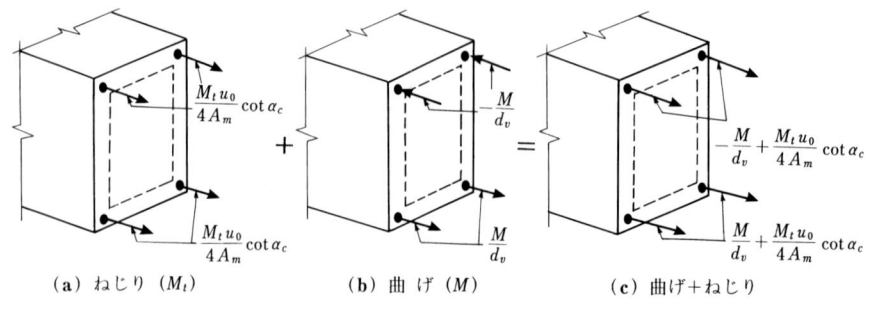

図 2.6　曲げとねじりによる軸方向鉄筋力の和 [4]

を上側の軸鉄筋も受ける．さらに，ねじりモーメント M_t は軸方向鉄筋に全引張力 $(M_t u_0/2A_m)\cot\alpha_c$ を発生させる．対称性を考慮すると，上，下の軸方向鉄筋は全引張力の 1/2 をそれぞれが分担することになる．ねじりモーメントにより横方向鉄筋では単位長さ当たりの横方向力 $(M_t/2A_m)\tan\alpha_c$ を受ける．ここで，A_m：せん断流の中心線で囲まれた面積（近似的に横方向鉄筋で囲まれた面積），u_0：せん断流の全長（近似的に横方向鉄筋全長）を表す．

ねじりと曲げを受ける RC 部材の破壊には 2 つのモードが存在する．

(1) 第 1 破壊モード

このモードは下側の軸方向鉄筋と横方向鉄筋の降伏で発生する．

図 **2.6** において下側軸鉄筋力 F_l と横方向鉄筋の単位長さ力 n_t が説明されている．

$$F_{bl} = \frac{M}{d_v} + \frac{M_t u_0}{4A_m}\cot\alpha_c \tag{2.12}$$

$$n_t = \frac{M_t}{2A_m}\tan\alpha_c \tag{2.13}$$

式 (2.12) を式 (2.13) に代入して α_c を消去すると，下式となる．

$$\frac{M}{F_{bl}d_v} + \frac{M_t^2}{4A_m^2(2F_{bl}/u_0)n_t} = 1 \tag{2.14}$$

式 (2.16) は M と M_t の間の相関関係を表している．下側の軸方向鉄筋と横方向鉄筋が降伏点に達したとすると，$F_{bl} = F_{bly}$ および $n_t = n_{ty}$ となる．純ねじり強度を M_{t0} とすると，次式で表される．

$$M_{t0} = 2A_m\sqrt{\left(\frac{2F_{tly}}{u_0}\right)n_{ty}} \tag{2.15}$$

となる．

　純ねじり強度 M_{t0} は下側軸鉄筋の降伏力 F_{bly} でなく上側軸鉄筋の降伏力 F_{tly} によって決定されることに注意すべきである．このことは上側の鉄筋力が下のそれより小さいと仮定するもので，最小の正の M_{t0} を与えるものとなる．ねじりによる全軸力は $2F_{tly}$ となる．

　式 (2.4)，(2.6) および (2.15) より，M_0, R および M_{t0} を式 (2.14) に代入すると M および M_t に関する相関関係が無次元の式として以下のように得られる．

$$\frac{M}{M_0} + \left(\frac{M_t}{M_{t0}}\right)^2 R = 1 \tag{2.16}$$

（2）第 2 破壊モード

　上側軸方向鉄筋と横方向鉄筋の降伏によって，この破壊モードは発生する．

$$-\frac{M}{M_0} + \frac{M_t^2}{4A_m^2(2F_{tl}/u_0)n_t} = 1 \tag{2.17}$$

となる．

　上側軸方向鉄筋および横方向鉄筋が降伏すると，$F_{tl} = F_{tly}$ および $n_t = n_{ty}$ となる．M, R および M_t を表す．式 (2.4)，(2.6) および (2.15) を，式 (2.17) に代入すると，M と M_t に関する無次元の相関関係式が，

$$-\frac{M}{M_0}\frac{1}{R} + \left(\frac{M_t}{M_{t0}}\right)^2 = 1 \tag{2.18}$$

として与えられる．

　ねじりと曲げの第 1 破壊モードに関する無次元相関関係式 (2.16) と同じくせん断と曲げに関する式 (2.7) とを比較すると，無次元項 M_t/M_{t0} を V/V_0 で置き換えると同一の関係式となる．第 2 破壊モードに対しても，式 (2.18) と式 (2.9) を比較すると同様な結果が得られる．したがって，ねじりと曲げの相関曲線は，V/V_0 の軸を M_t/M_{t0} 軸で置き換えると，**図 2.7** に示すものとなる．したがってねじりと曲げ，せん断と曲げの 2 つの相関関係曲線が V/V_0, M_t/M_{t0} および M/M_0 の 3 軸を利用して図示することができる．

　前述のようにせん断と曲げの相関関係で，最大せん断力は計算される．同様の手法でねじりの最大力の値を以下のように見出すことができる．上，下の軸鉄筋が同時に降伏することと関連して，第 1 と 2 の破壊モードに関する 2 つの曲線の交点は $M_t/M_{t0} = \sqrt{(1+R)/2R}$ および $M/M_0 = (1-R)/2$ で与えられる．例

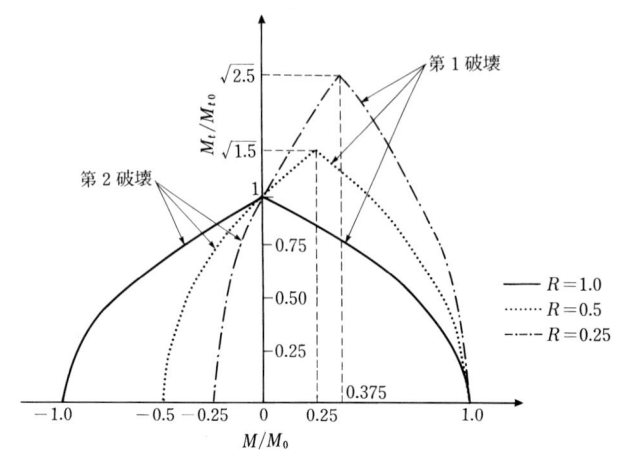

図 2.7 曲げとねじりの相関関係線

えば，$R = 0.5$ の場合，この最高点は $M_t/M_{t0} = \sqrt{1.5}$ および $M/M_0 = 0.25$ に位置しており，これらは，図 2.7 に示されている．

以上のように，せん断と曲げおよびねじりと曲げの 2 つの相関関係は得られた．曲げ，せん断およびねじりの相関関係は図 2.5 に示された 2 組の相関曲線に関連することは明らかである．

ねじりと曲げの組合せについては，ひずみの適合条件も満たした泉の研究[2]が行われているが，ここでは省略する．

2.2.3 曲げ，せん断およびねじりの相関関係

RC 部材の終局時における曲げ，せん断およびねじりの相関関係に関する研究は斜め曲げ理論に基づいた Elfgren[5] の研究がよく知られている．ここでは，長方形箱形断面を想定する．この断面にせん断力 V とねじりモーメント M_t が作用した場合に，断面を構成する 4 個の壁には，せん断流 q が発生するものと仮定する．しかし，このせん断流は図 2.8 に示すように，その大きさと作用方向により，合成された q の値は各壁において異なる．せん断力 (V) が作用することで，両側壁のせん断流 q_v は $V/2d_v$ が付加される．次に，ねじりモーメント (M_t) が各壁に作用することでせん断流 q_T は $M_t/2A_m$ となる．せん断とねじりモーメントによるせん断流は左側の壁では $q_l = +q$ となり，一方，右側の壁では $q_r = -q$ となる．上下の壁では，ねじりモーメントによるせん断流のみが作用することになる．以上とすると，4 側壁のせん断流 q は下式で示される．

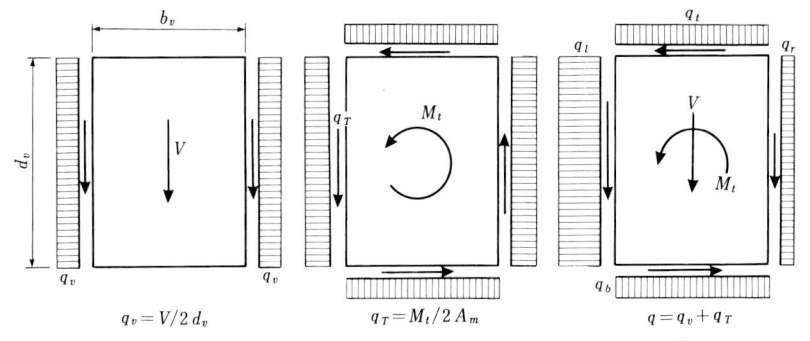

図 2.8 せん断およびねじりモーメントによる断面中のせん断流 [4)]

$$q_l = \frac{V}{2d_v} + \frac{M_t}{2A_m} \quad (2.19)$$

$$q_r = -\frac{V}{2d_v} + \frac{M_t}{2A_m} \quad (2.20)$$

$$q_t = q_b = \frac{M_t}{2A_m} \quad (2.21)$$

4側壁におけるせん断流は，さらに，板要素として図 2.9 に示すものとなる．ここで横方向鉄筋および軸方向鉄筋の中心線とせん断流の中心線が一致すると仮定する．コンクリートの斜材の部材軸に対する角度 α_c は各壁で異なる．ここで，図 2.9 に示す板要素の力の釣合いより，せん断流 q と α_c の関係式が誘導される．

せん断流を受けている板要素を図 2.9 (a) に示す．要素は厚さ h で，両方向に単位長さの正方形である．軸方向鉄筋は間隔 s_l で，横方向鉄筋は間隔 s_w で配置されているものとする．ひび割れ発生後，コンクリート部分は図 2.9 (b) に示すように斜めひび割れにより，コンクリート圧縮斜材に分割される．このひび割れは部材軸方向に α_c 度をなすものとする．終局段階における荷重抵抗メカニズムとして，このコンクリート圧縮斜材，軸および横方向鉄筋によりせん断流 q に抵抗するものとする．

垂直方向の力の釣合いはトラスモデル（図 2.9 (b)）左面の力の三角形により，また，同じく水平方向の力の釣合いは同図の上面に示す力の三角形により求めることができる．

$$q = n_l \tan \alpha_c \quad (2.22)$$

$$q = n_t \cot \alpha_c \quad (2.23)$$

(a) せん断要素　　　　　　　　　　**(b)** トラスモデル

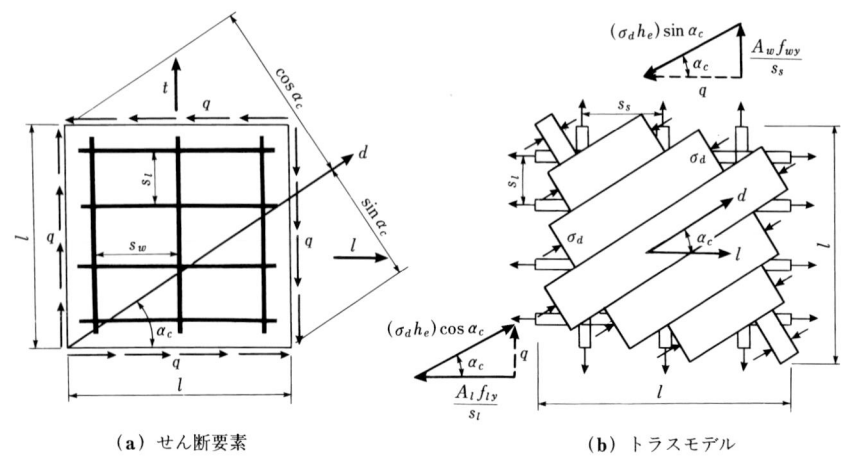

図 **2.9** 板要素におけるせん断力の釣合い [4]

斜材の応力 σ_d でせん断流 q を示せば，

$$q = (\sigma_d h_e) \sin \alpha_c \cos \alpha_c \tag{2.24}$$

となる．次に，軸および横方向鉄筋が降伏したとすれば，$n_l = n_{lt} = A_l f_{ly}/s_l$ および $n_t = n_{ty} = A_t f_{ty}/s$ となる．ここで，n_{ly} および n_{ty} は軸，横方向鉄筋の単位長当たりの降伏力，h_e は板要素の厚さである．また，式 (2.22)，(2.23) より，

$$\tan \alpha_c = \sqrt{\frac{n_{ty}}{n_{ly}}} \tag{2.25}$$

となり，さらに，式 (2.23) と (2.22) の積より，次式が得られる．

$$q_y = \sqrt{n_{ly} n_{ty}} \tag{2.26}$$

ここで，q_y は降伏時のせん断流である．式 (2.25) は，軸，横方向鉄筋の降伏力の比に関連した降伏時のひび割れ角度 α_c を示している．式 (2.26) は，q_y が 2 方向の単位長さ当たり降伏力の積の平方根であることを示している．

一般に設計においては，降伏時のせん断流は与えられており，設計の目的は 2 方向の鉄筋量を算定すること，さらに，鉄筋の降伏前にコンクリート斜材が圧壊しないことに関する検討を行う．この目的のため，式 (3.22) から (3.23) は次のように変更する．

$$n_{ly} = q_y \cot \alpha_c \tag{2.27}$$

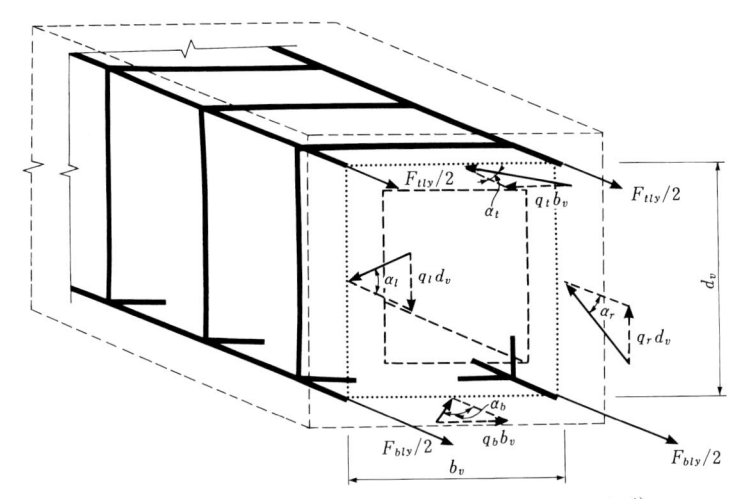

図 2.10 せん断,ねじりおよび曲げを受ける箱形断面中の力[4]

$$n_{ty} = q_y \tan\alpha_c \tag{2.28}$$

$$\sigma_d = \frac{q_r}{h_e \sin\alpha_c \cos\alpha_c} \tag{2.29}$$

式 (2.23) より,

$$\cot\alpha_c = \frac{q}{n_t} \tag{2.30}$$

式 (2.19) から (2.21) で表した q を式 (2.30) に代入すると,

$$\cot\alpha_l = \frac{1}{n_t}\left(\frac{V}{2d_v} + \frac{M_t}{2A_m}\right) \tag{2.31}$$

$$\cot\alpha_r = \frac{1}{n_t}\left(-\frac{V}{2d_v} + \frac{M_t}{2A_m}\right) \tag{2.32}$$

$$\cot\alpha_t = \cot\alpha_b = \frac{1}{n_t}\frac{M_t}{2A_m} \tag{2.33}$$

これら 4 個の角度は図 **2.10** に示すものである.

せん断,ねじりおよび曲げの組合せ力を受ける長方形箱形断面の破壊モードには 3 モードが想定される.

(1) 第 1 破壊モード

第 1 の破壊モードは,下側の軸方向鉄筋およびせん断とねじりの応力が合成される部分(**図 2.10**)の左壁に配置された横方向鉄筋の降伏によって発生するものである.

上側の壁に関する内力のモーメントと外力によるモーメントを等しいとすると，

$$M = F_{bl}d_v - q_l d_v(\cot\alpha_l)\frac{d_v}{2} - q_r d_v(\cot\alpha_r)\frac{d_v}{2} - q_b d_v(\cot\alpha_b)d_v \quad (2.34)$$

式 (2.19)～(2.21) および式 (2.31)～(2.33) を式 (2.34) に代入し，整理すると以下の式となる．

$$M = F_{bl}d_v - \frac{d_v^2}{2n_t}\left(\frac{V}{2d_v} + \frac{M_t}{2A_m}\right)^2 - \frac{d_v^2}{2n_t}\left(-\frac{V}{2d_v} + \frac{M_t}{2A_m}\right)^2 - \frac{b_v d_v}{n_t}\left(\frac{M_t}{2A_m}\right)^2 \quad (2.35)$$

上式で，2個の S，M_t の複合項は消去できることに注意して，2個の S 項および 3個の M_t^2 項はまとめることができる．上式をさらに整理し $F_{bl}d_v$ で両辺を割ると，式 (2.36) となる．

$$\frac{M}{F_{bl}d_v} + \left(\frac{V}{2d_v}\right)^2 \frac{d_v}{F_{bl}}\frac{1}{n_t} + \left(\frac{M_t}{2A_m}\right)^2 \frac{d_v + b_v}{F_{bl}}\frac{1}{n_t} = 1 \quad (2.36)$$

下側軸方向鉄筋および横方向鉄筋の降伏を仮定すると $F_{bl} = F_{bly}$ および $n_t = n_{ty}$ となり，さらに，各値を以下のように定義をする．

$$M_0 = F_{bly}d_v$$

$$V_0 = 2d_v\sqrt{\frac{F_{tly}}{d_v}n_{ty}} \qquad \text{2つのウェブに対して，}$$

$$M_t = 2A_m\sqrt{\frac{2F_{tly}}{u_0}n_{ty}} \qquad d_v + b_v = u_0/2$$

$$R = \frac{F_{tly}}{F_{bly}}$$

上式を式 (3.36) に代入し，無次元の M_0，V_0 および M_{t0} に関する第 1 破壊モードの相関関係式が得られる．

$$\frac{M}{M_0} + \left(\frac{V}{V_0}\right)^2 R + \left(\frac{M_t}{M_{t0}}\right)^2 R = 1 \quad (2.37)$$

式 (2.41) は一定の M に関して V および M_t の相関関係は円であることを示している．M が変化すると，式 (2.41) はそれに対応する相関関係面を表している．この面は式 (2.7) によって示される相関曲線で形成される V–M の垂直面で

切断され，さらに，式 (2.16) によって示される相関曲線を形成する垂直な M_t–M 面で切断される．

$$\frac{M}{M_0} + \left(\frac{V}{V_0}\right)^2 R = 1 \qquad (2.7)$$

$$\frac{M}{M_0} + \left(\frac{M_t}{M_{t0}}\right)^2 R = 1 \qquad (2.16)$$

(2) 第 2 破壊モード

第 2 の破壊モードは，上側の軸方向鉄筋とせん断とねじり応力の累加される壁の横方向鉄筋の降伏により発生するものである．

下側の壁について内部モーメントと外力モーメントを等しいとすると，

$$M = -F_{bl}d_v + q_l d_v (\cot \alpha_l)\frac{d_v}{2} + q_r d_v (\cot \alpha_r)\frac{d_v}{2} + q_t b_v (\cot \alpha_t) d_v \qquad (2.38)$$

式 (2.19)～(2.21) および (2.31)～(2.33) を式 (2.38) に代入すると，以下の式が得られる．

$$-\frac{M}{F_{tl}d_v} + \left(\frac{V}{2d_v}\right)^2 \frac{d_v}{F_{tl}}\frac{1}{n_t} + \left(\frac{M_t}{2A_m}\right)^2 \frac{d_v + b_v}{F_{tl}}\frac{1}{n_t} = 1 \qquad (2.39)$$

上側軸方向鉄筋と横方向鉄筋の降伏を仮定すると，$F_{tl} = F_{tly}$ および $n_t = n_{ty}$ となる．式 (2.39) に M, V, M_t および R を代入すると，第 2 破壊モードの M, S および M_t に関する無次元の相関関係式を得る．

$$-\frac{M}{M_0}\frac{1}{R} + \left(\frac{V}{V_0}\right)^2 + \left(\frac{M_t}{M_{t0}}\right)^2 = 1 \qquad (2.40)$$

式 (2.40) は次のことを示している．V と M_t の相関関係は一定の M について円曲線で第 2 破壊モードを表す．この式は相関関係面を示すものであり，この面は式 (2.7) によって表される相関曲線によって形成される垂直な V–M 面であり，同じく，相関関係曲線を形成する水平 M_t–M 面を表している．

$$-\frac{M}{M_0}\frac{1}{R} + \left(\frac{M_t}{M_{t0}}\right)^2 = 1 \qquad (2.18)$$

破壊時の第 1, 2 のモードに関する 2 つの破壊相関関係面は V と M_t 間の最大の相関関係を形成する．この最大相関曲線で M の項を消去するために式 (2.40) および (2.37) を適用すると，次式が得られる．

$$\left(\frac{V}{V_0}\right)^2 + \left(\frac{M_t}{M_{t0}}\right)^2 = \frac{1+R}{2R} \qquad (2.41)$$

この曲線は，式 (2.37) および (2.40) を解いて，V および M_t を消去して求められる．

$$\frac{M}{M_0} = \frac{1-R}{2} \qquad (2.42)$$

式 (2.47) で示される最大曲線で形成される面は最大面として設定される．式 (2.37) の $R = 0.25, 0.5, 1.0$ に対する最大面は図 **2.11** に示す一連の曲線として示される．

(3) 第 3 破壊モード

第 3 の破壊モードは，片側の軸方向鉄筋とせん断とねじり応力の累加された壁の横方向鉄筋が降伏することで発生する．図 **2.10** の左側の壁である．右側の壁についてのモーメントを考えると，力の釣合い式が次のようになる．

$$M = \frac{1}{2}(F_{bl} + F_{tl})b_v - q_l d_v (\cot \alpha_l) b_v - q_t b_v (\cot \alpha_t) \frac{b_v}{2} - q_b b_v (\cot \alpha_v) \frac{b_v}{2} = 0 \qquad (2.43)$$

q_l, q_t および q_b を式 (2.19)〜(2.21) より，$\cot \alpha_l$, $\cot \alpha_t$ および $\cot \alpha_v$ を式 (2.31), (2.33), (2.43) より求める．したがって，式 (2.44) は，

$$\frac{F_{bl} + F_{tl}}{2} = \frac{d_v}{n_t} \left(\frac{V}{2d_v} + \frac{M_t}{2A_m} \right)^2 + \frac{b_v}{n_t} \left(\frac{M_t}{2A_m} \right)^2 \qquad (2.44)$$

となる．

式 (2.44) の 2 乗の項を計算すると，V, M_t の 2 つの混合項をまとめ，さらに，F_{tl} で式 (2.44) を割ると，下式となる．

$$\frac{F_{bl} + F_{tl}}{2F_{tl}} = \left(\frac{V}{2d_v} \right)^2 \frac{d_v}{F_{tl}} \frac{1}{n_t} + \left(\frac{M_t}{2A_m} \right)^2 \frac{d_v + b_v}{F_{tl}} \frac{1}{n_t} + 2 \left(\frac{V}{2d_v} \right) \left(\frac{M_t}{2A_m} \right) \frac{d_v}{F_{tl}} \frac{1}{n_t} \qquad (2.45)$$

上側，下側の軸方向鉄筋および左壁の横方向鉄筋が降伏すると仮定し，$F_{tl} = F_{tly}$, $F_{bl} = F_{bly}$ および $n_t = n_{ty}$ となる．式 (2.45) に V_0 および M_{t0} を代入すると，

$$\frac{F_{bly} + F_{tly}}{2F_{tly}} = \frac{1+R}{2R} \quad \text{および} \quad d_v + b_v = \frac{u_0}{2}$$

となる．

第 3 の破壊モードの M, V および M_t に関する相関関係は，以下となる．

$$\left(\frac{V}{V_0} \right)^2 + \left(\frac{M_t}{M_{t0}} \right)^2 + \frac{V M_t}{V_0 M_{t0}} 2\sqrt{\frac{2d_v}{u_0}} = \frac{1+R}{2R} \qquad (2.46)$$

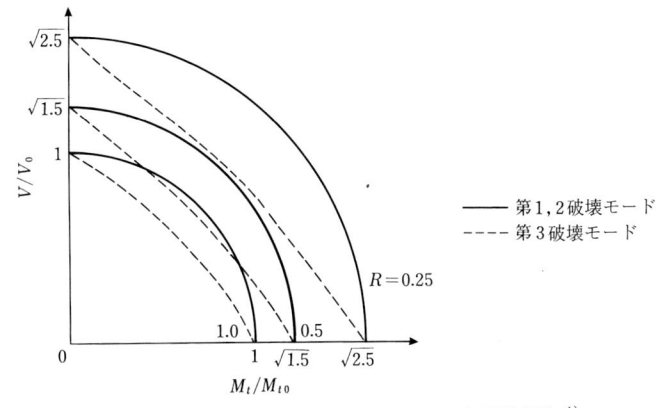

図 2.11 最大面におけるせん断とねじりの相関関係線[4]

第 3 の破壊モードで注意することは，この形式の破壊は M に無関係であることになる．V–M_t の項は断面形の関数であり，正方形に関してルートの項は $2\sqrt{2d_v/u_0} \to \sqrt{2}$ および式 (2.46) は，

$$\left(\frac{V}{V_0}\right)^2 + \left(\frac{M_t}{M_{t0}}\right)^2 + \sqrt{2}\left(\frac{VM_t}{V_0 M_{t0}}\right) = \frac{1+R}{2R} \tag{2.47}$$

となる．

式 (2.47) は，R の関数であり，V–M_t 面に対して垂直な円筒の相関関係面群を表す．各々の円筒相関関係最大面の切断面は図 2.11 の曲線（点線）のように引かれる．この点線での曲線は第 3 の相関関係を示しており，第 1, 2 の相関関係面よりかなり小さい相関関係面となる．したがって，第 3 の相関関係面は図 2.11 に示すように，他の 2 破壊モードの最高値を制限することになる．

図 2.12 は，$R = 1/3$ の場合，立体的に 3 つの相関関係面を示している．ピーク面の近くのハッチした面，そこでは，第 3 の相関関係面は他の 2 つの相関関係面に置き換えられ，式 (2.46) が支配することになる．図 2.12 は，さらに一つの壁の軸方向鉄筋が降伏すると，部材の破壊は 3 相関関係面の一つの上で発生する．3 つの面の交わる 2 つの点では，すべての鉄筋は降伏する．

式 (2.46) からわかるように，せん断とねじりの相関関係は直線ではないことに注意すべきである．さらに，塑性トラスモデルの斜材角度 α_c は断面の 4 面において変化すること，軸方向および横方向鉄筋がともに降伏して部材の耐力は最大となる．その結果，塑性トラスモデルは常に上界値を与えるものとなる．

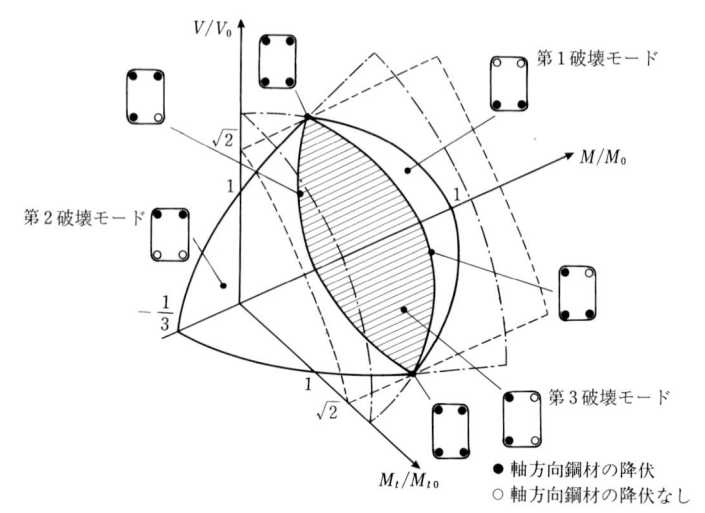

図 2.12 せん断,ねじりおよび曲げの相関関係面 [5], [6]

2.2.4 軸力が作用する組合せ力の相関関係 [7]

軸力が作用する場合については軸圧縮力についてのみ以下に簡単に記述する.詳細については文献 7) を参照されたい.

── 軸圧縮力,曲げおよびせん断力の相関関係

軸方向圧縮力 (N) は,図 2.13 (a) に示すように作用すると仮定する.軸圧縮力 N に抵抗するために,コンクリート斜材には圧縮力 $D_c = N/\cos\alpha_c$ が生じる.軸圧縮力による横方向力は,図 2.13 (b) に示すように横方向鋼材には,d_v 当たり $n_t d_v$ の引張力 $N\tan\alpha_c$ を発生すると仮定する.軸方向については,図 2.13 (b) に示すように,力の釣合いから軸方向鋼材に圧縮力 N が作用することになる.この力は断面の対称性を考慮すると,上下の軸方向鋼材には $N/2$ の圧縮力を受け持つことになる.

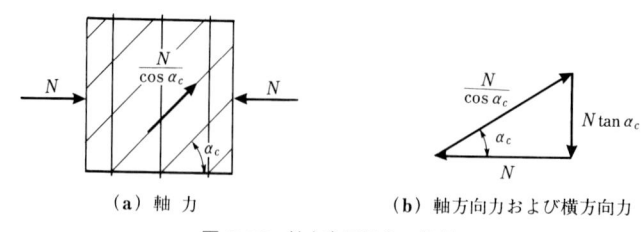

(a) 軸 力   (b) 軸方向力および横方向力

図 2.13 軸方向圧縮力の作用

（1）第1破壊モード

この破壊モードは，下側の軸方向鋼材と横方向鋼材の降伏によるものとする．下側の軸方向鋼材力 F_{bl} および横方向鋼材の単位長さ当たりの力 n_t は，

$$F_{bl} = \frac{M}{d_v} + \frac{V}{2}\cot\alpha_c - \frac{N}{2} \tag{2.48}$$

$$n_t = \frac{V}{d_v}\tan\alpha_c + \frac{N}{d_v}\tan\alpha_c \tag{2.49}$$

式 (2.48) と式 (2.49) より α_c を消去すると，

$$\frac{M}{F_{bl}d_v} + \frac{V^2}{2F_{bl}d_v n_t} + \frac{VN}{2F_{bl}d_v n_t} - \frac{N}{2F_{bl}} = 1 \tag{2.50}$$

式 (2.50) は M, V および N の相関関係を表している．降伏が下側軸鋼材と横方向鋼材に発生すると $F_{bl} = F_{bly}$ および $n_t = n_{ty}$ となり，純曲げ強度 M_0 および純せん断強度 V_0 と純軸圧縮強度 N_0 は，次式で表すことができる．

$$M_0 = F_{bly}d_v \tag{2.51}$$

$$V_0 = d_v\sqrt{\frac{2F_{tly}}{d_v}n_{ty}} \tag{2.52}$$

$$N_0 = 2F_{bly} \tag{2.53}$$

式 (2.53) の純軸圧縮強度 N_0 は，軸方向鋼材のみの強度である．式 (2.50) の第3項は横方向の鋼材の影響を示している．

したがって，M, V および N の相関関係は，式 (2.52) に式 (2.6), (2.5), (2.53) を代入して無次元の相関関係式は以下になる．

$$-\frac{N}{N_0} + \frac{M}{M_0} + \left(\frac{V}{V_0}\right)^2 R + \zeta_1\frac{V}{V_0} = 1 \tag{2.54}$$

ここで，$\zeta_1 = \dfrac{N}{F_{bly}}\sqrt{\dfrac{F_{tly}}{2n_{ty}d_v}}$

（2）第2破壊モード

$$-\frac{1}{R}\left(\frac{N}{N_0} + \frac{M}{M_0}\right) + \left(\frac{V}{V_0}\right)^2 + \frac{V}{V_0}\frac{\zeta_1}{R} = 1 \tag{2.55}$$

となる．

―軸圧縮力,曲げおよびねじりの相関関係
(1) 第1破壊モード

$$-\frac{N}{N_0} + \frac{M}{M_0} + \left(\frac{M_t}{M_{t0}}\right)^2 R + \frac{M_t}{M_{t0}}\zeta_2 = 1 \qquad (2.56)$$

ここで,$\zeta_2 = \dfrac{N}{F_{bly}}\sqrt{\dfrac{F_{tly}}{2n_{ty}u_0}}$

(2) 第2破壊モード

$$-\frac{1}{R}\left(\frac{N}{N_0} + \frac{M}{M_0}\right) + \left(\frac{M_t}{M_{t0}}\right)^2 + \frac{M_t}{M_{t0}}\frac{\zeta_2}{R} = 1 \qquad (2.57)$$

となる.

相関関係としては,以上の他に曲げ,せん断,ねじり,軸力の4要素の組合せがある.この組合せが実際の設計で必要な場合は,稀であるのでここでは省略する.

2.2.5 塑性トラス理論の構造物設計への適用

実際の構造物では作用する軸力の値が相当に異なるので,仮定するひび割れ角度 α_c が変化することに注意しなければならない.しかし,通常の設計においては,α_c の変化は無視してよいと推定される.

RC部材のひずみの適合条件を考慮すると,鉄筋の中には降伏しないものもあるし,算定強度に破壊強度が到達しないものもある.実験結果と塑性トラスモデルによる算定値の差異は,降伏鉄筋の硬化およびコンクリートの引張力によるものと推定される.しかし,これら2つの要素はこの解析では考慮していない.

ここで,次のことに注意しなければならない.塑性トラスモデルに基づいた相関関係面は純ねじりに近い範囲では実験によると危険側の値を与える.理論的ねじりモーメントの算定は実験結果を20%超える値を与える場合がある.この危険側の値は,ねじり設計有効断面積 A_m をスターラップの中心線で囲まれた面積とした過大な値を採用しているためと推定される.正確な A_m を求めるためには,文献2)に示されているひずみの適合を考慮した式を使用する必要がある.

塑性トラスモデルを基本として誘導してきた組合せ力を受けるコンクリート部材に関する相関関係式は力の釣合い,材料の特性を考慮しているが,ひずみの適合条件は必ずしも考慮されていないので,上界値と下界値の間の算定値を与えることになる.

通常の設計と同様に載荷状態に応じたシフト理論を鉄筋の配置について適用する必要がある．

この理論は下記に記す特徴がある．

〈長所〉
① コンクリート部材に適用されたトラスモデル理論による式は，力の釣合いは考慮されており，誘導された要素せん断，部材せん断およびねじりの各式の基本概念は同一である．
② 実用設計の観点から，釣合いの各式はトラス構成部材（横方向，軸方向鉄筋，コンクリート斜材）の設計に対して適用できる．
③ トラスモデルはコンクリート部材の終局時の曲げ，せん断およびねじりの相関関係を明快に示す．

〈短所〉
① トラスモデル理論ではひずみの適合条件は考慮されていないので，部材の曲げ，せん断あるいはねじりの変形は算定できない．
② トラスモデル理論による式では，鉄筋およびコンクリートのひずみは算定できない．
③ コンクリート部材の鉄筋補強は終局時に対する Under-reinforcement の範囲で適用するのが望ましい．Over-reinforcement の場合には破壊安全率の検討が必要な場合もある．

以上のようなことを十分に考慮して実用設計に適用しなければならない．

2.3 組合せ力を受ける部材の設計計算法

(1) 土木学会のコンクリート標準示方書[8]

ここでは，この章に示した各相関関係式と，土木学会コンクリート標準示方書［構造性能照査編］（6.4 ねじりに対する安全性の検討）に示されている曲げとねじりおよびねじりとせん断の相関関係とは，実際の設計上の細部規定を除くと基本的には同一となっている．

曲げとねじりの相関関係について，ねじり補強鉄筋のある場合について，式(2.58)の形をとる．

$$K_1 \frac{M}{M_0} + K_2 \left(\frac{M_t}{M_{t0}}\right)^2 = 1 \tag{2.58}$$

この式は式 (2.18) と同形である．ここで，$K_1 \sim K_2$ は定数である．
　せん断とねじりの相関関係については，土木学会の規定では，ねじりとせん断の相関を式 (2.59) のように直線としている．

$$K_3 \frac{V}{V_0} + K_4 \frac{M_t}{M_{t0}} = 1 \tag{2.59}$$

ここで，K_3，K_4 は定数である．
　なお，曲げとせん断に関する相関関係については，特に，規定されていない．
　本章では，せん断とねじりの相関関係式 (2.47) は円弧の相関を示しているが，図 **2.11** に示すようにほぼ直線とみなすことができる．したがって，理論的には異なっているが実用的には土木学会の規定と大きな差異はないと推定できる．
　曲げ，ねじりおよびせん断の組合せに関しては，式 (2.37)，(2.39) および (2.47) を適用して，部材の設計を行うことができる．この場合，$M_0 = M_{ud}$，$V_0 = V_{ud}$，$M_{t0} = M_{tud}$ として各式を利用できる．

(2) Eurocode の組合せ力に関する規定[9]

　この規定では，ねじりとせん断の組合せについて式 (2.60) を示している．

$$(M_{tsd}/M_{tRd1})^2 + (V_{sd}/V_{Rd2})^2 < 1 \tag{2.60}$$

ここで，M_{tsd}，M_{tRd1}：荷重によるねじりモーメント，部材の終局ねじりモーメント

V_{sd}，V_{Rd2}：荷重によるせん断力，部材の終局せん断力

　この式はねじりとせん断の相関関係を円曲線としている．すでにこの関係は直線あるいは直線に近い曲線で示されるのが妥当と考えられているので，計算上過大算定の傾向が想定される．
　実際の部材算定は，部材の曲げ，せん断力およびねじりの終局強度を算定し，載荷荷重による各モーメントおよび力を算定し，終局曲げモーメントと作用荷重による曲げモーメントを比較し安全を確かめ，せん断力とねじりモーメントについては相関関係により部材の安全を確かめることになっている．

(3) 部材設計の作業の流れ[10]

　組合せ力を受ける部材設計の流れの概要としては，図 **2.14** に示すものとなる．
　図 **2.14** は比較的簡単に示されているが実際の設計は，学会の規定から推定されるように相当に複雑となる．繰り返し算定を行うことで設計は洗練され，経済的で信頼性の高い部材の設計が可能となろう．

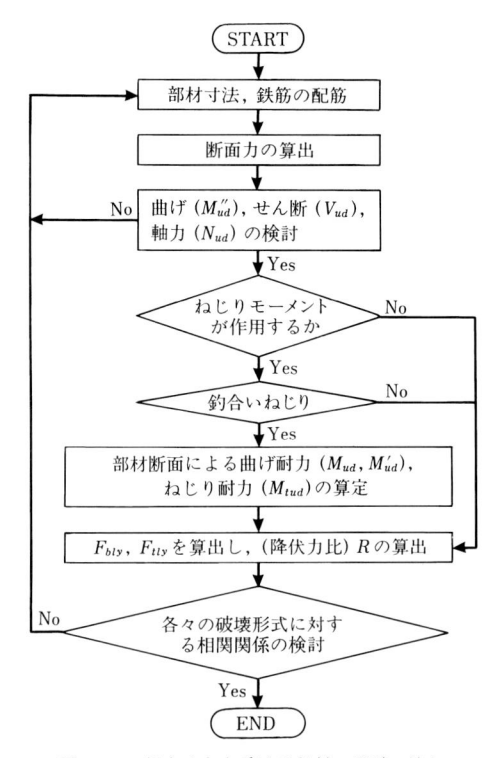

図 **2.14** 組合せ力を受ける部材の設計の流れ

具体的な構造部材の設計方法は，この章に示すモーメントおよび力の相関関係，第3章に示す各モーメントおよび力の算定式を適用して第4章にこれらを適用した設計例を示す．

● ― 参考文献

1) Thürlimann, B. : Torsional Strength of Reinforced and Prestressed Concrete Beams, CEB Approach Concrete Design, ACI SP-59, pp.117–143, 1979
2) 泉　満明：ねじりと曲げを受けるコンクリート部材の終局強度と設計法，土木学会論文報告集，No.327, pp.139–150, 1982.11
3) Zia, P. : What Do We Know about Torsion in Concrete Members?, Journal of the Structural Division, Proceeding of the American Sociaty of Civil Engineers, pp.1185–1199, June 1970
4) Hsu, H. H. C. : Unified Theory of Reinforced Concrete, CRC Press, pp.88–103, 1998
5) Elfgren, L. : Torsion-Bending-Shear for Concrete Beams, ACI Structural Division August, pp.253–265, 1974

6) Kuyt, B. : A method for ultimate strength design of rectangular reinforced concrete beams in combined torsion bending and shear, Magazine of Concrete Research, Vol.24, No.78, pp.15–24, March 1972
7) 安田 亨：組み合わせ力を受けるコンクリート部材の設計法，名城大学理工学部修士論文，pp.42–49, 2004.3
8) 土木学会：2002年制定 コンクリート標準示方書，pp.156–159
9) Beckett, D. et al. : Introduction to Eurocode-2, E and FN Spon, pp.45, 1997
10) 泉 満明：組み合わせ力を受ける鉄筋コンクリート部材の設計，名城大学理工学部研究報告，第41号，pp.36–43, 2001

第3章 立体構造物の構造解析

　高速道路等の高架構造物の震害調査結果から被害を多く受けた構造物は，主として高架構造の下部構造物であった．地震により水平荷重が構造物に作用すると，構成部材に曲げモーメント（M），せん断力（V），ねじりモーメント（M_t），軸力（N）の常時と異なる組合せ力が作用[1),2)]する．ここでは，下部構造形式に多用されている逆 L 形構造（静定構造）およびラーメン構造（不静定構造）の構造解析を行う．さらに，常時に組合せ力が作用する上部構造形式として曲線桁の構造解析を行う．

　構造解析は，常時，地震荷重時および終局荷重時を想定している．不静定構造に対する終局荷重時には，構造部材にひび割れが発生しているものと仮定する．ここでは，まずひび割れ発生前における状態で解析を行い，次にひび割れ発生後の部材の剛性低下を仮定したモーメントあるいは荷重の再分配の解析を行い第 4 章の計算例への適用の準備とする．

3.1 静定構造物

　静定構造物として，ここでは図 3.1 (a) に示す逆 L 形橋脚を検討の対象とする．この構造では，柱部材にねじりを含む組合せ応力の発生が想定される．この構造形式は，橋脚あるいは高架道路の下部構造物として建設されている．

　この構造物は図 3.1 (b) に示すように，常時においては上部構造による鉛直荷重（P）が C 点に，さらに自重が構造物に作用している．地震荷重時および終局荷重時には上部構造による水平荷重（H）が C 点に作用し，自重による水平力が加わり，梁には P と H による二軸曲げモーメントと二軸せん断力が作用する．柱には P と H による二軸曲げモーメント，二軸せん断力およびねじりモーメントが作用する．したがって，部材には表 3.1 に示すような断面力が作用する．なお，モーメントおよび力の符号は図 3.1 (b) に示す矢印の向きを正とする．

第3章 立体構造物の構造解析

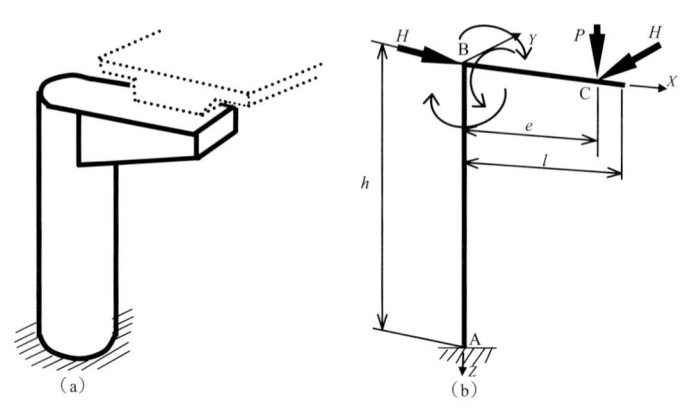

図 3.1 逆 L 形構造物，載荷状態

表 3.1 逆 L 形構造物に作用する荷重，断面力

荷重＼項目	部材	荷重	モーメント，力	相関関係
常時				
鉛直荷重	梁	集中荷重 分布荷重	曲げモーメント せん断力	曲げモーメント，せん断力および軸力の組合せ
	柱	集中荷重 分布荷重	曲げモーメント 軸力	
地震荷重時，終局荷重時				
鉛直荷重 水平荷重 [面外方向]	梁	集中荷重 分布荷重	二軸曲げモーメント 二軸せん断力	曲げモーメント，せん断力およびねじりモーメント，軸力の組合せ
	柱	集中荷重 分布荷重	二軸曲げモーメント せん断力 軸力 ねじりモーメント	
鉛直荷重 水平荷重 [面内方向]	梁	集中荷重 分布荷重	曲げモーメント せん断力 軸力	曲げモーメント，せん断力および軸力の組合せ
	柱	集中荷重 分布荷重	曲げモーメント せん断力 軸力	

〈設計方針および解析方針〉

・静定構造物であるから常時，地震荷重時および終局荷重時に作用する断面力に部材は抵抗できなければならない．

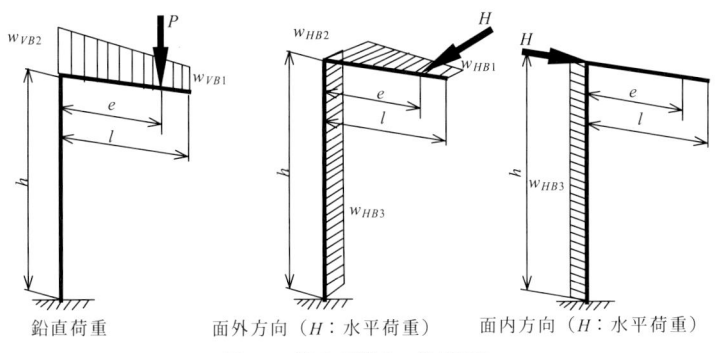

図 3.2 逆 L 形構造の作用荷重

表 3.2 逆 L 形構造物に作用する断面力の設計式

鉛直荷重（P）	面外方向（H：水平荷重）	面内方向（H：水平荷重）
梁部材	梁部材	梁部材
曲げモーメント：M_1 $$P \times e + \frac{(w_{VB2}+2\times w_{VB1})\times l^2}{6}$$ せん断力：V_1 $$P + \frac{(w_{VB1}+w_{VB2})\times l}{2}$$	曲げモーメント：M_3 $$H \times e + \frac{(w_{HB2}+2\times w_{HB1})\times l^2}{6}$$ せん断力：V_2 $$H + \frac{(w_{HB1}+w_{HB2})\times l}{2}$$	軸力：N_2 $$H + \frac{(w_{HB1}+w_{HB2})\times l}{2}$$
柱部材	柱部材	柱部材
曲げモーメント：M_2 $$P \times e + \frac{(w_{VB2}+2\times w_{VB1})\times l^2}{6}$$ 軸力：N_1 $$P + \frac{(w_{VB1}+w_{VB2})\times l + 2\times w_{VC3}\times h}{2}$$	曲げモーメント：M_4 $$\left\{H + \frac{(w_{HB1}+w_{HB2})\times l + w_{HC3}\times h}{2}\right\}\times h$$ せん断力：V_3 $$H + \frac{(w_{HB1}+w_{HB2})\times l + 2\times w_{HC3}\times h}{2}$$ ねじりモーメント：M_t $$H \times e + \frac{(w_{HB2}+2w_{HB1})}{6}l^2$$	曲げモーメント：M_5 $$\left\{H + \frac{(w_{H1}+w_{HB2})\times l + w_{HC3}\times h}{2}\right\}\times h$$ せん断力：V_3 $$H + \frac{(w_{HB}+w_{HB2})\times l + 2\times w_{HC3}\times h}{2}$$

逆 L 形構造のモーメントおよび力の算定として図 3.2 のように荷重が作用しているものとする．図中の記号は，e は集中荷重が作用する偏心距離，l は梁部材

の長さ，h は柱部材の高さである．また梁部材の先端の分布荷重（自重）w_{VB1}，w_{HB1}，梁部材の末端の分布荷重 w_{VB2}，w_{HB2}，柱部材の分布荷重 w_{VC3}，w_{HC3} と仮定する（下添字は，V：鉛直荷重，H：水平荷重である）．

よって，図 3.2 を用いて各部材の断面力の設計式を示すと表 3.2 となる．

3.2 不静定構造物

下部構造物としてはラーメン構造物が代表的なものであり，多くの構造物に適用されてきている．ここでは図 3.3 (a) に示す形式のラーメン構造物について検討を加える．

この構造物は不静定構造物であるため，ひび割れ発生後において部材の剛性低下による荷重あるいはモーメントの再分配を考慮して設計を行う必要がある．

図 3.3 (b) に示すとおり，梁の中央 E 点に鉛直荷重（P）が作用する場合と地震荷重時および終局荷重時を想定して，さらに水平荷重（H）が作用する場合について検討を加える．これらの荷重が作用した場合，各部材には表 3.3 に示すような断面力が作用する．

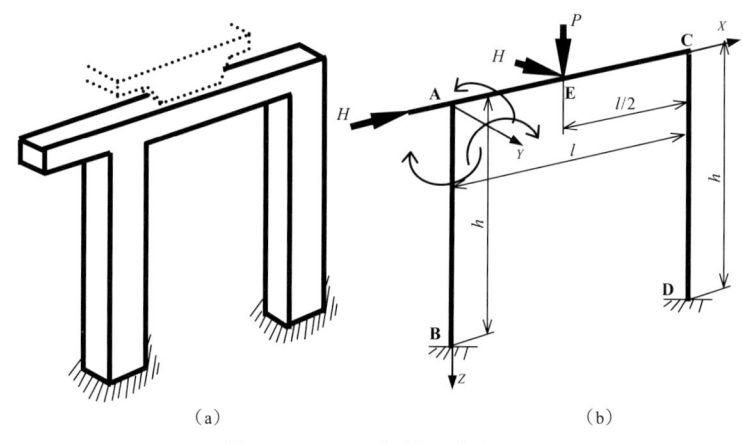

図 3.3 ラーメン構造物，載荷状態

なお，モーメントおよび力の符号は図 3.3 (b) に示す矢印の向きを正とする．また図中の記号は，柱の高さ h，梁の長さ l である．

表 3.3 ラーメン構造物に作用する荷重，断面力

荷重＼項目	部材	荷重	モーメント，力	相関関係
常時				
鉛直荷重（常時）	梁	集中荷重 分布荷重	曲げモーメント せん断力 軸力	曲げモーメント，せん断力および軸力の組合せ
	柱	集中荷重 分布荷重	曲げモーメント せん断力 軸力	
地震荷重時，終局荷重時				
鉛直荷重 水平荷重 [面外方向]	梁	集中荷重 分布荷重	二軸曲げモーメント 二軸せん断力 軸力 ねじりモーメント	曲げモーメント，せん断力およびねじりモーメント，軸力の組合せ
	柱	集中荷重 分布荷重	二軸曲げモーメント 二軸せん断力 軸力 ねじりモーメント	
鉛直荷重 水平荷重 [面内方向]	梁	集中荷重 分布荷重	曲げモーメント せん断力 軸力	曲げモーメント，せん断力および軸力の組合せ
	柱	集中荷重 分布荷重	曲げモーメント せん断力 軸力	

〈設計方針および解析方針〉

・ヤング係数 E_c とせん断弾性係数 G_c の関係は，主に $G_c = E_c/2.3$ の式で表されるものとする．
・終局荷重時は，全部材にひび割れが発生したものとして剛性低下を考慮する．
・曲げおよびねじりを合成した剛性低下については不明の点が多い．したがって，部材に対するねじり剛性低下および曲げ剛性低下は，それぞれに対して独立のものとして解析する．

3.2.1 節に示した断面力の分布図は，ひび割れ発生前および後で部材の剛比は一定として示したものである．

3.2.1 一層一径間ラーメン

(1) 面内方向に対する断面力の算定[3), 4), 5)]

図 **3.4** は，鉛直荷重（P）さらに地震荷重時および終局荷重時を想定して面内方向に水平荷重（H）が作用した場合を示している．

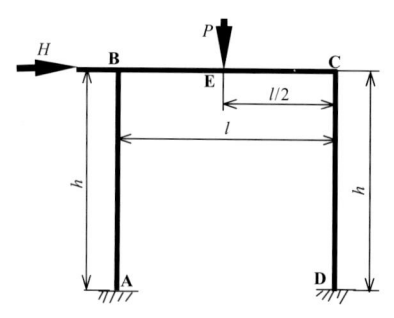

図 **3.4** ラーメン構造の載荷状態

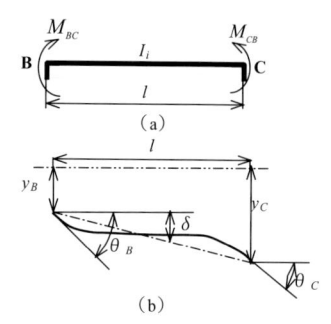

図 **3.5** 梁部材のモーメントおよび回転角，変位

(i) たわみ角法の一般式

梁部材 BC の曲げモーメントを図 **3.5** (a) で示している．また節点角，回転角は一般に用いられる図を図 **3.5** (b) に示す．たわみ角法の基本式は次式のようになる．

$$
\begin{aligned}
M_{BC} &= \frac{2\eta_{bBC}EI_{BC}}{l}\left(2\theta_B + \theta_C + \frac{3}{l}(y_B - y_C)\right) + C_{BC} \\
M_{CB} &= -\frac{2\eta_{bBC}EI_{BC}}{l}\left(\theta_B + 2\theta_C + \frac{3}{l}(y_B - y_C)\right) + C_{CB}
\end{aligned}
\tag{3.1}
$$

ここでは，M_{CB} は通常の「たわみ角法」における右端の材端モーメントの符号と反対であることに注意する必要がある．

梁部材 BC の M_{CB} は，曲げモーメントの正負の規約に従うと，材端 C に対して，負の曲げモーメントを与える．よって，$M_C = -M_{CB}$ となる．このことを考慮して式 (3.1) にはマイナスを付けた．両端を固定されたと仮定した場合の部材に作用する荷重項 C_i についても，正負の規約を考慮して算定したものを後に，表でまとめてある．また，以下のたわみ角法においても，この定義を用いている．

ここで，η_{bi}：i 部材の曲げひび割れ発生後の曲げ剛性の低下率（付録 2.3 を参照）

【曲げ剛性が 40% 低下する場合：$\eta_b = 0.6$】

y_i：i 節点における荷重方向の変位，θ_i：i 節点における回転角

である．式 (3.1) を基本に柱部材の曲げモーメントは，

$$M_{AB} = \frac{2\eta_{b\,AB}EI_{AB}}{h}\left(\phi_B - 3\frac{y_B}{h}\right) + C_{AB}$$

$$M_{BA} = -\frac{2\eta_{b\,AB}EI_{AB}}{h}\left(2\phi_B - 3\frac{y_B}{h}\right) + C_{BA}$$

$$M_{DC} = -\frac{2\eta_{b\,DC}EI_{DC}}{h}\left(\phi_C - 3\frac{y_C}{h}\right) + C_{DC} \quad (3.2)$$

$$M_{CD} = \frac{2\eta_{b\,DC}EI_{DC}}{h_2}\left(2\phi_C - 3\frac{y_C}{h}\right) + C_{CD}$$

である．たわみ角法で不静定構造を算定するために，モーメントの釣合い条件式（節点方程式），せん断の釣合い条件式（層方程式）および角方程式を利用する．

(ii) 節点方程式

節点に作用する外力モーメントとの間に釣合い保持されていなければならない．よって，節点 B，C のモーメントの釣合いを図 **3.6** で示している．釣合い条件から次式が得られる．

$$\begin{aligned}\text{節点 B} \quad & M_{BC} - B_B - M_{BA} = 0 \\ \text{節点 C} \quad & M_{CB} - B_C - M_{CD} = 0\end{aligned} \quad (3.3)$$

ここで，B_B，B_C は張出し部に作用する外力モーメントである．

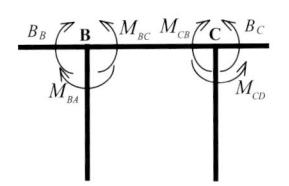

図 **3.6** 節点における力の釣合い

(iii) 層方程式

せん断力の釣合いを図 **3.7** で示している．

したがって，柱基部に対するせん断力は次式となる．

$$\begin{aligned}V_A &= \frac{-1}{h}\left(M_{AB} - M_{BA} - \frac{w_{HB}h^2}{2}\right) \\ V_D &= \frac{-1}{h}\left(M_{CD} - M_{DC} - \frac{w_{HB}h^2}{2}\right)\end{aligned} \quad (3.4)$$

ここで，w_{HB} は柱の分布荷重である．張出し部を含む梁部材に作用する全荷重の合力と柱部材に作用する荷重を $\sum H$ とすると次式が成り立つ．

$$\sum H = V_A + V_D \qquad (3.5)$$

以上の釣合い条件（ii），（iii）に式 (3.1)，(3.2) を用いて連立方程式を解き，y_i と θ_i の未知数を求め，断面力を算出する．

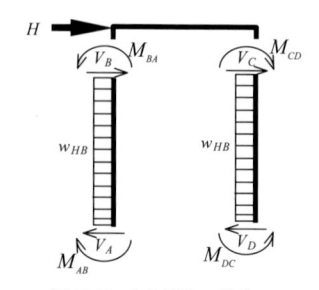

図 3.7 せん断力の釣合い

（2）面外方向に対する断面力の算定

地震荷重時および終局荷重時を想定して図 **3.8** に示すような，ラーメン構造に面外方向に水平荷重が作用する場合，構造物中に発生する曲げモーメント，せん断力さらにねじりモーメントの分布を算定するためにたわみ角法を基本においた算定式を以下に示す．上方面から見た梁部材の節点に生じるモーメントおよび回転角，変位について図 **3.9** に示し，横方面から見た柱部材の節点に生じるモーメントおよび回転角，変位についても図 **3.10** に示す．また節点角，回転角は一般に用いられる図を示す．

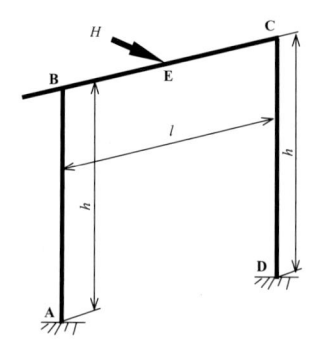

図 3.8 ラーメン構造の載荷状態

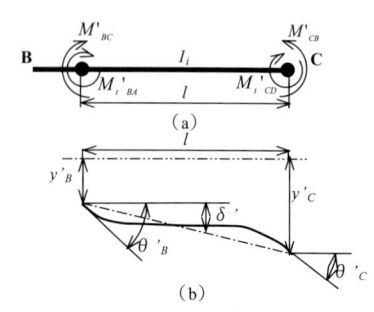

図 3.9 梁部材のモーメントおよび回転角，変位

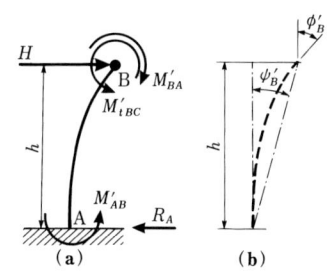

図 3.10 柱部材のモーメントおよび回転角，変位

また，ここで，面外方向について使用する記号は，先に示したものにダッシュをつけ，さらに以下を追加する．

M'_{BC}, M'_{CB} ：梁部材に作用する曲げモーメント
M'_{AB}, M'_{BA} ：柱部材 AB に作用する曲げモーメント
M'_{CD}, M'_{DC} ：柱部材 CD に作用する曲げモーメント
M'_{tBC}, M'_{tCB} ：梁部材 BC に作用するねじりモーメント
M'_{tAB}, M'_{tBA} ：柱部材 AB に作用するねじりモーメント
M'_{tCD}, M'_{tDC} ：柱部材 CD に作用するねじりモーメント
EI'_{BC}, GJ'_{CB} ：梁部材の曲げ剛性およびねじり剛性
$EI'_{AB,CD}, GJ'_{AB,CD}$ ：柱部材の曲げ剛性，ねじり剛性
y'_B, y'_C ：節点 B, C における荷重方向の変位
θ'_B, θ'_C ：節点 B, C における水平面内の回転角
ϕ'_B, ϕ'_C ：節点 B, C における鉛直面内の回転角
$\psi'_B = h/l, \psi'_C = h/l$ ：柱部材 B の鉛直面内の部材回転角
η'_{bi} ：i 部材の曲げひび割れ発生後の曲げ剛性の低下率（付録 2.3 を参照）【曲げ剛性が 40%低下する場合：$\eta_b = 0.6$】
η'_{ti} ：i 部材のねじりひび割れ発生後のねじり剛性の低下率（付録 2.3 を参照）【ねじり剛性が 90%低下する場合：$\eta_t = 0.1$】
C'_i ：両端を固定されたと仮定した場合の部材に作用する荷重項

（i）たわみ角法の一般式およびねじりモーメントの一般式

　ねじりモーメントは部材の単位ねじり角とねじれ剛度との積に等しい．したがって，

$$M'_{tBC} = \frac{2\eta'_{tBC}GJ'_{BC}}{l}(\phi'_C - \phi'_B), \quad M'_{tBA} = \frac{2\eta'_{tBA}GJ'_{BA}}{h}\theta'_B$$
$$M'_{tCD} = \frac{\eta'_{tCD}GJ'_{CD}}{h}\theta'_C \tag{3.6}$$

となる．また $M'_{tCB} = -M'_{tBC}$ である．梁部材の曲げモーメントと節点および部材の回転角との関係は，

$$M'_{BC} = \frac{2\eta'_{bBC}EI'_{BC}}{l}\left(2\theta'_B + \theta'_C + \frac{3}{l}(y'_B - y'_C)\right) + C'_{BC}$$
$$M'_{CB} = -\frac{2\eta'_{bBC}EI'_{BC}}{l}\left(\theta'_B + 2\theta'_C + \frac{3}{l}(y'_B - y'_C)\right) + C'_{CB} \tag{3.7}$$

柱部材の柱頭部および柱基部における曲げモーメントは次式となる．

$$
\begin{aligned}
M'_{AB} &= -\frac{2\eta'_{b\,AB}EI'_{AB}}{h_1}\left(\phi'_B - 3\frac{y'_B}{h}\right) + C'_{AB} \\
M'_{BA} &= \frac{2\eta'_{b\,AB}EI'_{AB}}{h}\left(2\phi'_B - 3\frac{y'_B}{h}\right) + C'_{BA} \\
M'_{DC} &= -\frac{2\eta'_{b\,DC}EI'_{DC}}{h}\left(\phi'_C - 3\frac{y'_C}{h}\right) + C'_{DC} \\
M'_{CD} &= \frac{2\eta'_{b\,DC}EI'_{DC}}{h_2}\left(2\phi'_C - 3\frac{y'_C}{h}\right) + C'_{CD}
\end{aligned} \quad (3.8)
$$

たわみ角法で不静定構造を算定するために，モーメントの釣合い条件式，せん断力の釣合い条件式を利用する．

（ii）水平方向のモーメントの釣合い

節点における左右に作用する梁部材の曲げモーメントと柱部材のねじりモーメントとは釣合いを保持しなければならない．ゆえに，図 3.11 に示すようになる．よって，節点 B，C の水平面内におけるモーメントの釣合い条件から次式が得られる．

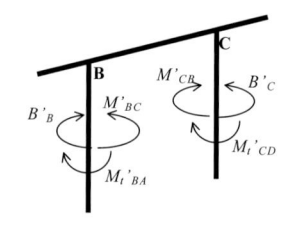

図 3.11　水平方向のモーメント釣合い

$$
\begin{aligned}
\text{節点 B} \quad & M'_{tBA} = B'_B - M'_{BC} \\
\text{節点 C} \quad & M'_{tCD} = B'_C - M'_{CB}
\end{aligned} \quad (3.9)
$$

ここで，B'_B，B'_C は梁部材の張出し部に作用する外力モーメントである．

（iii）鉛直方向のモーメントの釣合い

節点 B，C における梁部材のねじりモーメントと柱部材から作用する曲げモーメントとは釣合いを保持しなければならない．ゆえに図 3.12 に示すようになる．よって，節点 B，C の水平面内におけるモーメントの釣合い条件から次式が得られる．

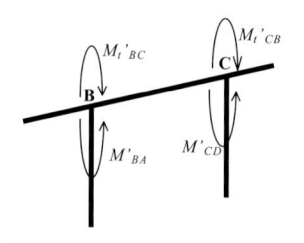

図 3.12　鉛直方向のモーメント釣合い

$$
\begin{aligned}
\text{節点 B} \quad & M'_{BA} + M'_{tBC} = 0 \\
\text{節点 C} \quad & M'_{CD} + M'_{tCB} = 0
\end{aligned} \quad (3.10)
$$

(iv) 節点におけるせん断力の釣合い

張出し部を含む梁部材に作用する全荷重の合力を図 3.13 のように $\sum H$ とする．構造全体の水平面内におけるモーメントの釣合いから，

$$\left.\begin{array}{l} b\sum H = R'_B l - M'_{tBA} - M'_{tCD} \\ a\sum H = R'_C l + M'_{tBA} + M'_{tCD} \end{array}\right\} \quad (3.11)$$

しかるに，梁部材を節点 B，C で支持させる単純梁と仮定したときの反力を H'_B，H'_C とすると，$H'_B = \dfrac{b}{l}\sum H$，$H'_C = \dfrac{a}{l}\sum H$ であるから，式 (3.11) は，

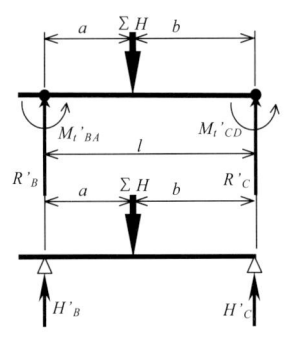

図 3.13 梁部材に作用する全荷重の合力

$$R'_B - \frac{1}{l}(M'_{tBA} + M'_{tCD}) = H'_B, \quad R'_C + \frac{1}{l}(M'_{tBA} + M'_{tCD}) = H'_C \quad (3.12)$$

となる．柱部材の頭部における反力は（w_{HC}：柱部材の死荷重），

$$R'_B = \frac{M'_{AB} - M'_{BA}}{h} - \frac{w_{HC}h}{2}, \quad R'_C = \frac{M'_{DC} - M'_{CD}}{h} - \frac{w_{HC}h}{2} \quad (3.13)$$

表 3.4 たわみ角法による荷重項

荷重項		荷重図1		荷重図2		荷重図3	
C_{12}	C_{21}	$-Pab^2/l^2$	$-Pa^2b/l^2$	$-Pl/8$	$-Pl/8$	0	0
B_1	B_2	0	0	0	0	$-Pl_e$	0
C_{12}	C_{21}	$-wl^2/12$	$-wl^2/12$	$-wl^2/12$	$-wl^2/12$	0	0
B_1	B_2	0	0	$-wl_e^2/2$	$-wl_e^2/2$	$-wl_e^2/2$	0

記号
l_e：張出し部の長さ
l：梁の長さまたは柱の高さ
B_i：張出し部の場合に片持ち梁と考えたときの固定端モーメント

荷重項			
C_{12}	C_{21}	$Mb(2a-b)/l^2$	$-Ma(2b-a)/l^2$
B_1	B_2	0	0

(a) 面内方向および面外方向の作用荷重

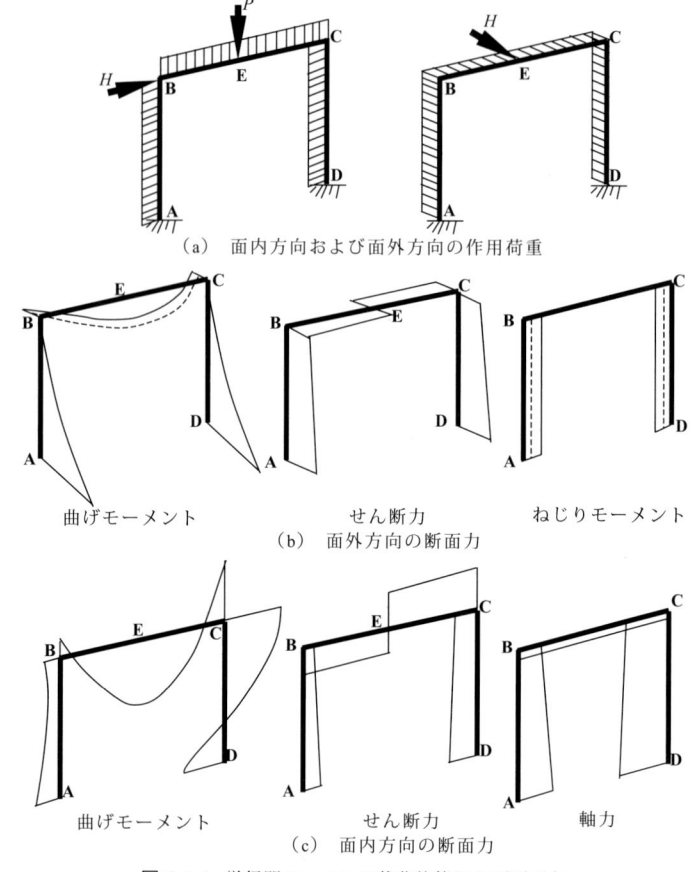

曲げモーメント　　せん断力　　ねじりモーメント
(b) 面外方向の断面力

曲げモーメント　　せん断力　　軸力
(c) 面内方向の断面力

図 **3.14** 単径間ラーメンの載荷状態および断面力

となる．柱部材の基部における反力は，$R'_A = R'_B + w_{HC}h$, $R'_D = R'_C + w_{HC}h$ である．

上述の釣合い条件式（ii），（iii），（iv）に基本式 (3.6) ～ (3.8) を用いて連立方程式を解き，y'_i, θ'_i および ϕ'_i の未知数を求め，断面力を算出する．

次にたわみ角法による荷重項 C_i を表 **3.4** に示す．ここでは，鉛直荷重 P（面内方向）として示す．水平荷重 H（面外方向）は，P を H に変換すれば C'_i を導き出せる．

一般的な断面力の分布図として図 **3.14** (a) に示したように荷重が作用した場合の面内方向および面外方向の断面力を図 **3.14** (b), (c) に示す．ひび割れ状態は，

(a) 面内方向および面外方向の作用荷重

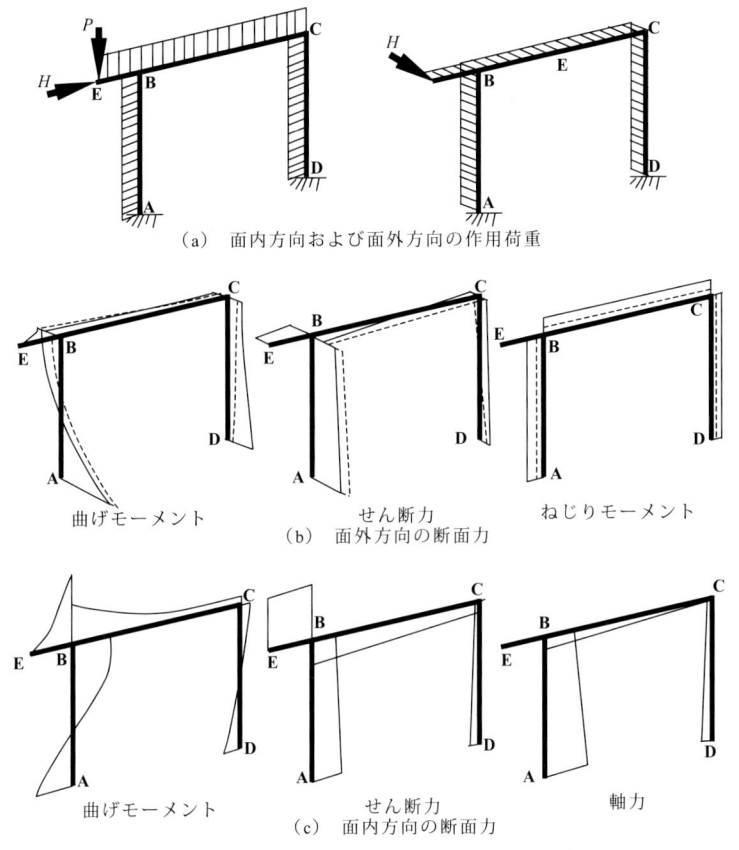

曲げモーメント　　　　せん断力　　　　ねじりモーメント
(b) 面外方向の断面力

曲げモーメント　　　　せん断力　　　　軸力
(c) 面内方向の断面力

図 **3.15** 単径間ラーメンの載荷状態および断面力

〈設計方針および解析方針〉で述べたように全部材にひび割れが発生したものとする．

また剛性低下を考慮した場合と考慮していない場合を比較するために，剛性低下を考慮しない場合を実線で，剛性低下を考慮した場合を破線で示す．

ここで，図 **3.14** の中で実線のみは，ひび割れ前後で断面力に変化がないためである．面内方向の断面力の分布に変化が見えないのは，剛性低下が一定のため剛比に変化がないためである．

また図 **3.15** (a) に示したように荷重が作用した場合の面内方向および面外方向の断面力を図 **3.15** (b), (c) に示す．

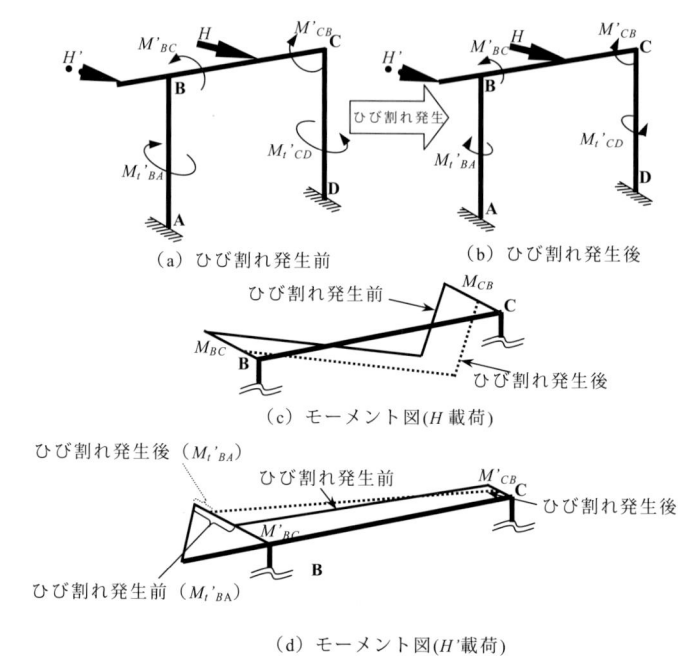

図 3.16　ひび割れ発生前後のモーメント分配[9)]

　図 3.14（b）および図 3.15（b）に示したひび割れ発生前後のモーメントの分布の変動について説明を行う．例として図 3.16 に示すように，一層一径間ラーメン構造で面外方向に荷重載荷され，両方の柱部材にひび割れが生じた場合を考える．

　ひび割れ発生後，両方の柱部材のねじり剛性が低下し，分担するねじりモーメント（M'_{tBA}, M'_{tCD}）が小さくなる．その結果，節点の水平方向の釣合いより梁部材端の曲げモーメント（M'_{BC}, M'_{CB}）が小さくなる．

　したがって H 載荷された場合，モーメント図として図 3.16（c）のようになり，梁の曲げモーメントは節点付近では小さくなるが，逆に中央部分では，大きくなる．H' 載荷された場合，モーメント図として図 3.16（d）のようになり，梁の曲げモーメントは節点 B 付近では大きくなるが，逆に節点 C では，小さくなる．

　ここでは，単径間ラーメンのみについて記述しているが，多径間，多重径間ラーメンについても式が誘導されている．これについては，文献 9) を参考にされたい．

3.3 曲線桁構造物

曲線桁橋は，高速道路のインターチェンジ部，ランプ部分等に多く適用されてきている．ここでは，図 **3.17** に示すような橋梁の上部構造物を想定した単純支持の曲線桁橋[6), 7), 8)]について検討を加える．

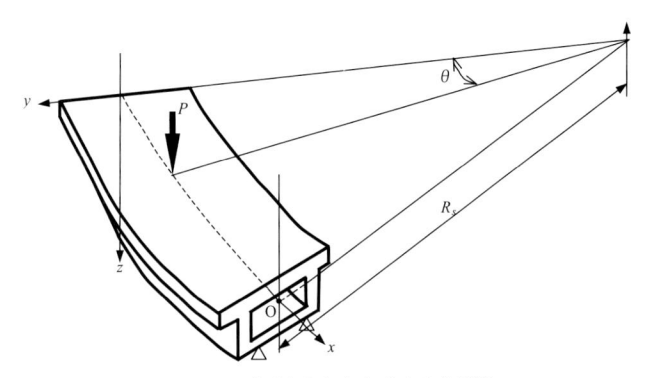

図 **3.17** 曲げとねじりを受ける曲線桁

ここで，O：梁の断面のせん断中心点，R_s：O軸の曲率半径である．

3.3.1 曲線桁橋の部材に作用する荷重

図 **3.17** に示すように，鉛直荷重 (P) が作用する場合について検討を加える．これらの力が曲線桁橋に作用した場合に各部材に作用する断面力を**表 3.5** に示す．

表 **3.5** 単純支持に対する曲線桁橋の設計荷重，断面力

荷重＼項目	部材	荷重	作用モーメント，力	相関関係
鉛直荷重 （常時） （終局荷重時）	梁	集中荷重 分布荷重	曲げモーメント せん断力 ねじりモーメント	曲げモーメント，せん断力およびねじりモーメントの組合せ

〈設計方針および解析方針〉
・曲線桁で箱桁断面とした場合は，一本の棒部材とみなし静定構造の梁解析で行う．したがって，常時および終局荷重時に作用する断面力に部材は抵抗できなければならない．

3.3.2 曲線桁橋に対するモーメントおよび作用力の算定

表 3.5 に示す作用力に対する算定式を，表 3.6[8] に示す．

図 3.18 に示した荷重が作用した場合の断面力を同図に示す．

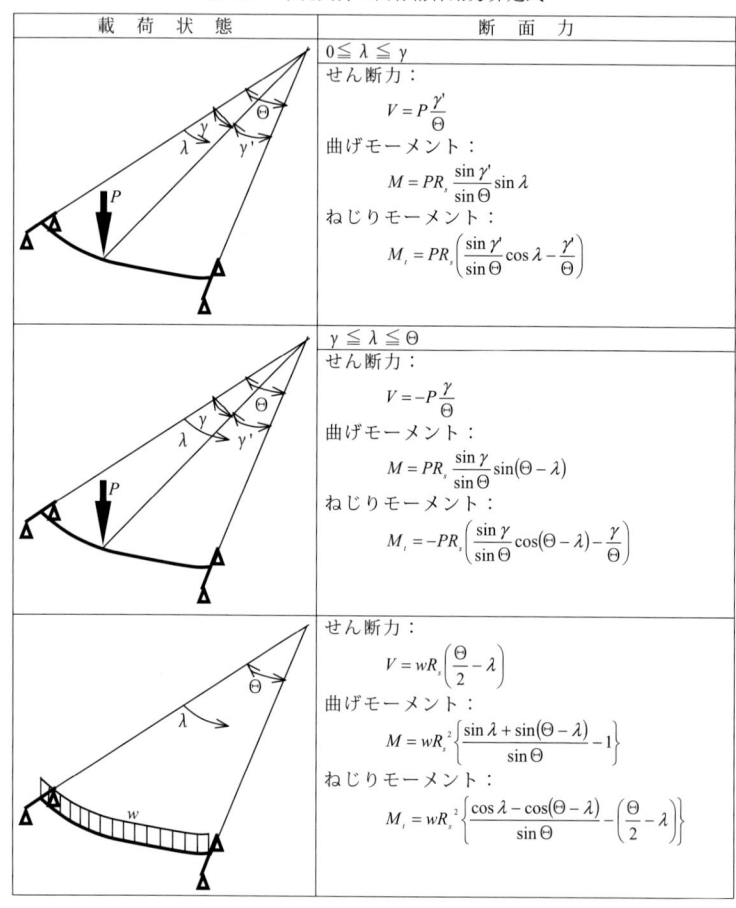

表 3.6 単純支持の曲線桁作用力算定式

載 荷 状 態	断 面 力
	$0 \leqq \lambda \leqq \gamma$ せん断力： $$V = P\frac{\gamma'}{\Theta}$$ 曲げモーメント： $$M = PR_s \frac{\sin \gamma'}{\sin \Theta} \sin \lambda$$ ねじりモーメント： $$M_t = PR_s \left(\frac{\sin \gamma'}{\sin \Theta} \cos \lambda - \frac{\gamma'}{\Theta} \right)$$
	$\gamma \leqq \lambda \leqq \Theta$ せん断力： $$V = -P\frac{\gamma}{\Theta}$$ 曲げモーメント： $$M = PR_s \frac{\sin \gamma}{\sin \Theta} \sin(\Theta - \lambda)$$ ねじりモーメント： $$M_t = -PR_s \left(\frac{\sin \gamma}{\sin \Theta} \cos(\Theta - \lambda) - \frac{\gamma}{\Theta} \right)$$
	せん断力： $$V = wR_s \left(\frac{\Theta}{2} - \lambda \right)$$ 曲げモーメント： $$M = wR_s^2 \left\{ \frac{\sin \lambda + \sin(\Theta - \lambda)}{\sin \Theta} - 1 \right\}$$ ねじりモーメント： $$M_t = wR_s^2 \left\{ \frac{\cos \lambda - \cos(\Theta - \lambda)}{\sin \Theta} - \left(\frac{\Theta}{2} - \lambda \right) \right\}$$

表 3.6 単純支持の曲線桁作用力算定式（つづき）

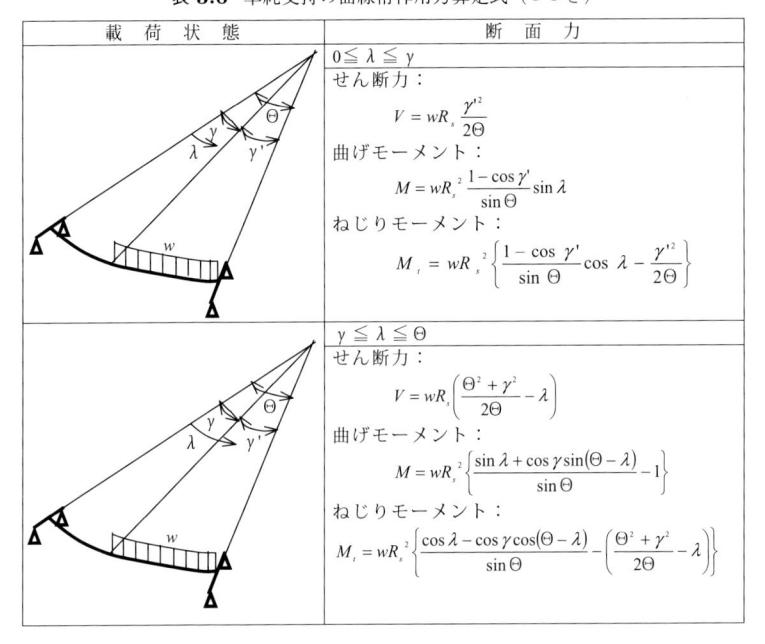

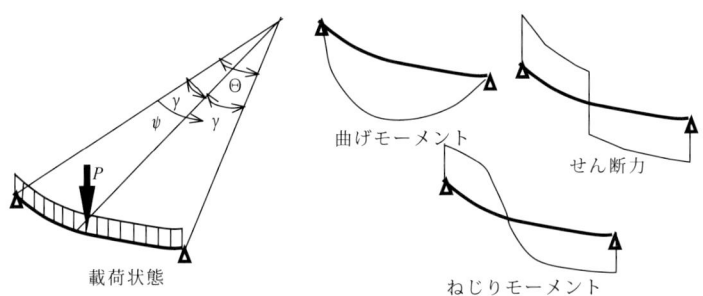

載荷状態	断面力
(図)	$0 \leq \lambda \leq \gamma$ せん断力： $$V = wR_s \frac{\gamma'^2}{2\Theta}$$ 曲げモーメント： $$M = wR_s^2 \frac{1-\cos\gamma'}{\sin\Theta}\sin\lambda$$ ねじりモーメント： $$M_t = wR_s^2 \left\{ \frac{1-\cos\gamma'}{\sin\Theta}\cos\lambda - \frac{\gamma'^2}{2\Theta} \right\}$$
(図)	$\gamma \leq \lambda \leq \Theta$ せん断力： $$V = wR_s\left(\frac{\Theta^2+\gamma^2}{2\Theta}-\lambda\right)$$ 曲げモーメント： $$M = wR_s^2\left\{\frac{\sin\lambda+\cos\gamma\sin(\Theta-\lambda)}{\sin\Theta}-1\right\}$$ ねじりモーメント： $$M_t = wR_s^2\left\{\frac{\cos\lambda-\cos\gamma\cos(\Theta-\lambda)}{\sin\Theta}-\left(\frac{\Theta^2+\gamma^2}{2\Theta}-\lambda\right)\right\}$$

図 3.18 単純支持の曲線桁に作用する荷重および断面力

●—参考文献

1) 泉　満明：ねじりを受けるコンクリート部材の設計法，技報堂出版，pp.84–88, 1972
2) 吉川弘道：鉄筋コンクリートの解析と設計—限界状態設計法の考え方と適用—，丸善，pp.214–225, 2000
3) 福田武雄：一層ラーメンの面に垂直なる外力の影響，土木学会誌18巻別冊号，pp.1–15, 1932.6
4) 小松定夫：構造解析 II，丸善，pp.223–243, 1982

5) 小西一郎, 横尾義貫, 成岡昌夫：構造力学 II, 丸善, pp.123–168, 1963
6) 猪又　稔：よくわかる橋の連続桁構造解析入門, 工学出版, pp.90–124, 1995
7) 西山啓伸：米神橋の設計と施工について, プレストレストコンクリート, Vol.12, No.6, pp.64–73, 1960
8) 土木学会：構造力学公式集, 丸善, pp.194–205, 2000
9) 安田　亨：組合せ力を受けるコンクリート部材の設計に関する研究, 名城大学理工学研究科修士論文, pp.55–65, 2004.2

第4章 コンクリート構造物の設計

　この章においては，第2章および第3章で述べた組合せ力を受ける部材設計の考え方を基本として，構造物設計への相関関係理論の概略適用を説明する．

　実際の構造物の設計に関しては，以上に述べた方法の他に道路構造等の場合には道路橋示方書（平成14年3月）の共通編（I），コンクリート橋編（III），下部構造編（IV），耐震設計法編（V）の規定を適用しなければならない．これらの規定は，最近の地震の被害調査結果から改定されてきたものである．この章の設計計算例では耐震関連の各種の数値は道路橋示方書に基づいて任意に想定したものである．設計計算例は，道路構造物の下部構造として，静定構造の逆L形橋脚および不静定構造の門形ラーメン橋脚の柱および梁について，静的解析および動的解析した例を示し，上部構造では，曲線桁橋の主桁について示す．

4.1 構造物の設計方針および手順 [1]

4.1.1 構造物の設計手順

　構造物の設計に関するフローチャートを図 **4.1.1** に示す．設計の順序としては上部構造の設計を行い，その下部構造に与える荷重の大きさ，載荷状態を仮定する．下部構造の震度法および地震時保有水平耐力法の設計を行うことになる．

4.1.2 地震時に作用する慣性力

　地震時には，地震動により構造物に慣性力が作用する．任意の方向の慣性力は水平2方向の慣性力の作用として表すことができる．慣性力の作用方向は図 **4.1.2** に示すように，橋軸方向および橋軸直角方向とする．よって，第3章で述べた面外方向および面内方向は，図に示すものとなる．

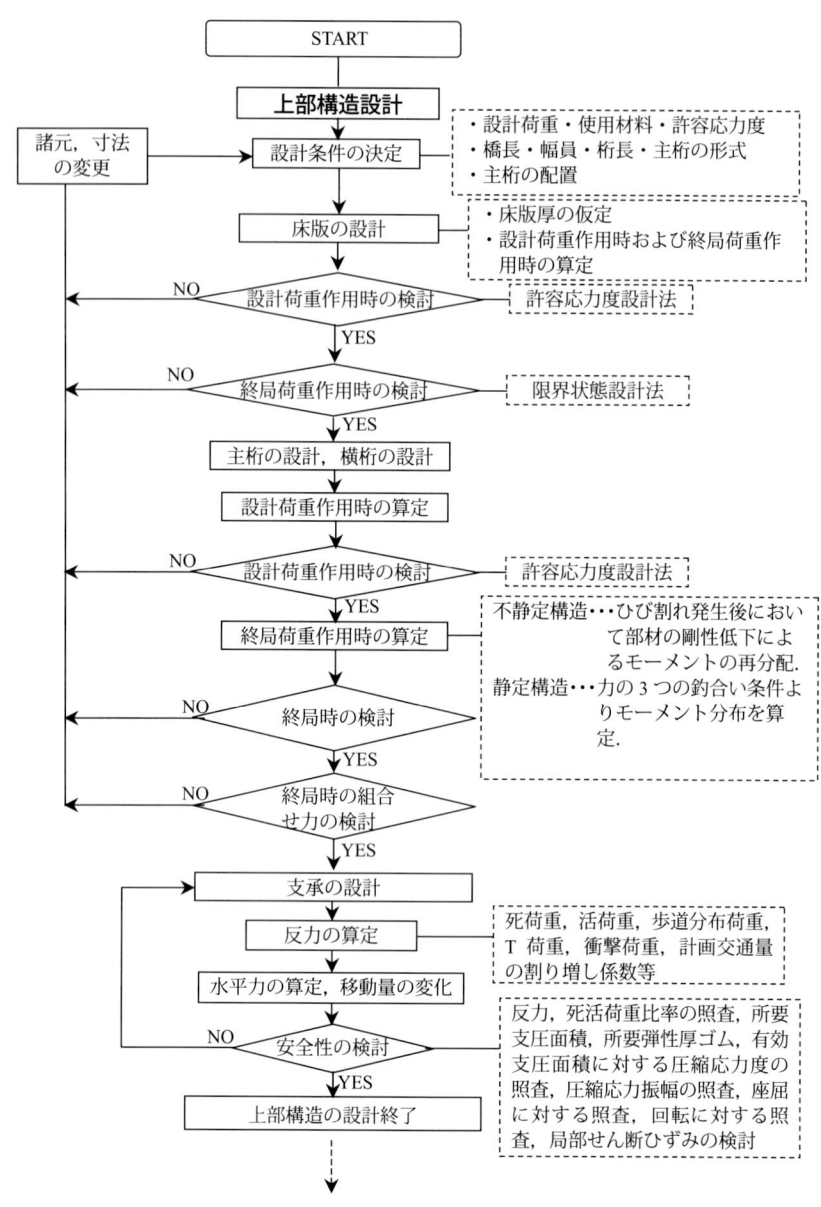

```
                    ┌─────────┐
                    │  START  │
                    └────┬────┘
                    ┌────▼────────┐
                    │ 上部構造設計 │
                    └────┬────────┘
  ┌──────────┐      ┌────▼────────┐      ┌──────────────────────────┐
  │諸元,寸法 │─────▶│設計条件の決定│─ ─ ─ │・設計荷重・使用材料・許容応力度│
  │の変更    │      └────┬────────┘      │・橋長・幅員・桁長・主桁の形式│
  └──────────┘           │                │・主桁の配置              │
         ▲          ┌────▼────┐           └──────────────────────────┘
         │          │床版の設計│─ ─ ─ ┌──────────────────────┐
         │          └────┬────┘       │・床版厚の仮定        │
         │               │            │・設計荷重作用時および│
         │         NO ◇──▼──◇         │  終局荷重作用時の算定│
         ├────────────設計荷重作用時の検討─ ─ ┌──────────────┐
         │               │YES              │許容応力度設計法│
         │         NO ◇──▼──◇              └──────────────┘
         ├────────────終局荷重作用時の検討─ ─ ┌──────────────┐
         │               │YES                │限界状態設計法│
         │          ┌────▼──────────────┐    └──────────────┘
         │          │主桁の設計,横桁の設計│
         │          └────┬──────────────┘
         │          ┌────▼────────┐
         │          │設計荷重作用時の算定│
         │          └────┬────┘
         │         NO ◇──▼──◇
         ├────────────設計荷重作用時の検討─ ─ ┌──────────────┐
         │               │YES              │許容応力度設計法│
         │          ┌────▼────────┐         └──────────────┘
         │          │終局荷重作用時の算定│─ ┌──────────────────────────┐
         │          └────┬────┘             │不静定構造···ひび割れ発生後におい│
         │         NO ◇──▼──◇               │て部材の剛性低下によ      │
         ├────────────終局時の検討           │るモーメントの再分配.     │
         │               │YES               │静定構造···力の3つの釣合い条件よ│
         │         NO ◇──▼──◇               │りモーメント分布を算    │
         └────────────終局時の組合            │定.                      │
                       せ力の検討             └──────────────────────────┘
                        │YES
                   ┌────▼────┐
              ┌───▶│支承の設計│
              │    └────┬────┘
              │    ┌────▼────┐    ┌──────────────────────────┐
              │    │反力の算定│─ ─ │死荷重,活荷重,歩道分布荷重,│
              │    └────┬────┘    │T荷重,衝撃荷重,計画交通量  │
              │    ┌────▼──────────┐│の割り増し係数等          │
              │    │水平力の算定,移動量の変化│└─────────────────────┘
              │    └────┬──────────┘
              │   NO ◇──▼──◇    ┌──────────────────────────┐
              └────────安全性の検討─ │反力,死活荷重比率の照査,所要│
                        │YES       │支圧面積,所要弾性厚ゴム,有効│
                   ┌────▼────────┐│支圧面積に対する圧縮応力度の│
                   │上部構造の設計終了││照査,圧縮応力振幅の照査,座屈│
                   └────┬────────┘  │に対する照査,回転に対する照│
                        ▼            │査,局部せん断ひずみの検討  │
                                     └──────────────────────────┘
```

図 **4.1.1** 構造物設計の流れの概要

4.1 構造物の設計方針および手順 / 53

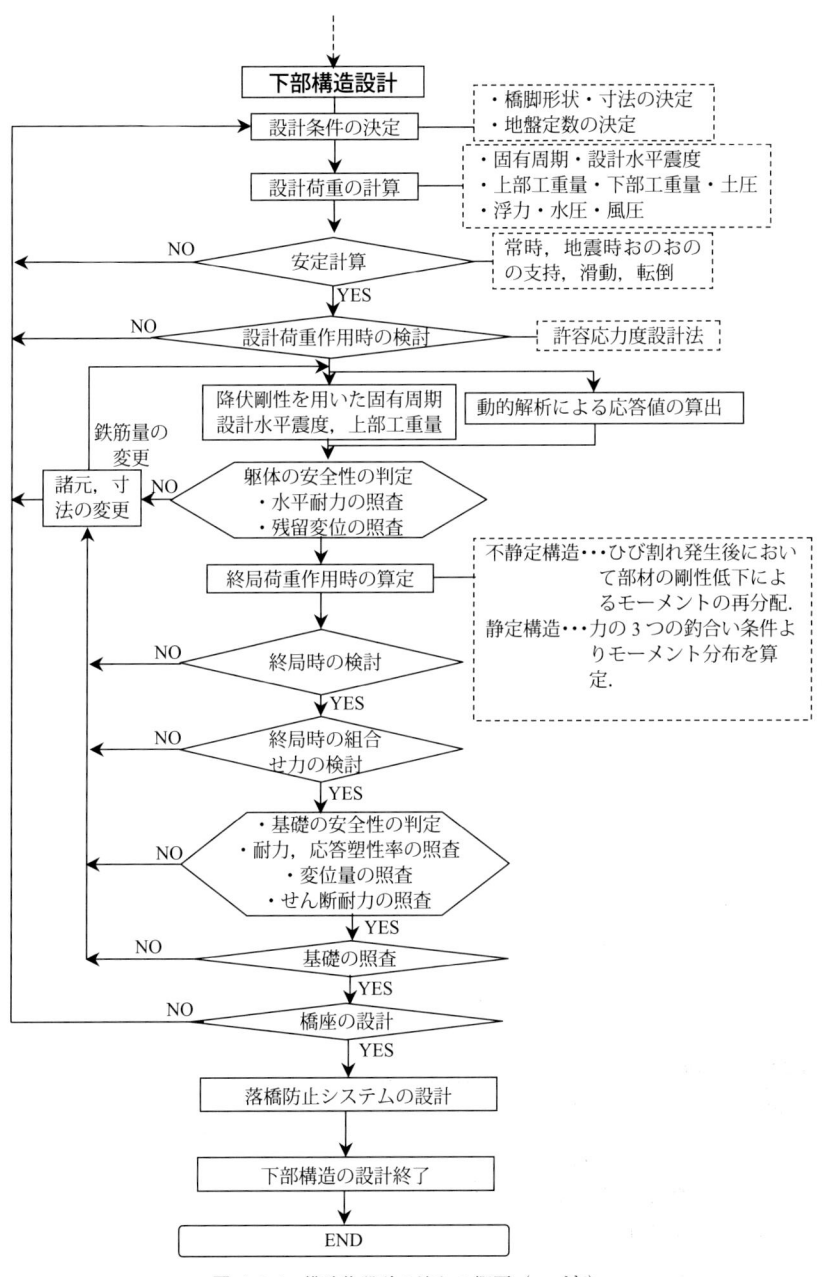

```
                    ↓
            ┌───────────────┐
            │   下部構造設計    │
            └───────────────┘
                    ↓
            ┌───────────────┐      ・橋脚形状・寸法の決定
        ┌──→│  設計条件の決定   │──── ・地盤定数の決定
        │   └───────────────┘
        │           ↓
        │   ┌───────────────┐      ・固有周期・設計水平震度
        │   │  設計荷重の計算   │──── ・上部工重量・下部工重量・土圧
        │   └───────────────┘      ・浮力・水圧・風圧
        │           ↓
        │      NO  ╱╲             常時,地震時おのおの
   ←────────────<安定計算>────── の支持,滑動,転倒
        │         ╲╱
        │         YES↓
        │      NO  ╱╲
   ←────────────<設計荷重作用時の検討>──── 許容応力度設計法
        │         ╲╱
        │           ↓
        │   ┌───────────────┐  ┌───────────────┐
        │   │降伏剛性を用いた固有周期│  │動的解析による応答値の算出│
        │   │設計水平震度,上部工重量 │  └───────────────┘
        │   └───────────────┘
  鉄筋量の          ↓
   変更       NO  ╱╲   躯体の安全性の判定
   ←────────────<・水平耐力の照査 >
 諸元,寸          ╲ ・残留変位の照査╱
 法の変更          YES↓
        │   ┌───────────────┐
        │   │ 終局荷重作用時の算定 │─── 不静定構造…ひび割れ発生後におい
        │   └───────────────┘    て部材の剛性低下によ
        │           ↓            るモーメントの再分配.
        │      NO  ╱╲            静定構造…力の3つの釣合い条件よ
   ←────────────<終局時の検討>─── りモーメント分布を算
        │         ╲╱            定.
        │         YES↓
        │      NO  ╱╲
   ←────────────<終局時の組合>
        │         ╲せ力の検討╱
        │         YES↓
        │         ╱・基礎の安全性の判定╲
        │      NO ・耐力,応答塑性率の照査
   ←────────────<・変位量の照査       >
        │         ╲・せん断耐力の照査  ╱
        │         YES↓
        │      NO  ╱╲
   ←────────────<基礎の照査>
        │         ╲╱
        │         YES↓
        │      NO  ╱╲
   ←────────────<橋座の設計>
                  ╲╱
                  YES↓
            ┌───────────────┐
            │落橋防止システムの設計│
            └───────────────┘
                    ↓
            ┌───────────────┐
            │  下部構造の設計終了 │
            └───────────────┘
                    ↓
                 ┌─────┐
                 │ END │
                 └─────┘
```

図 **4.1.1** 構造物設計の流れの概要(つづき)

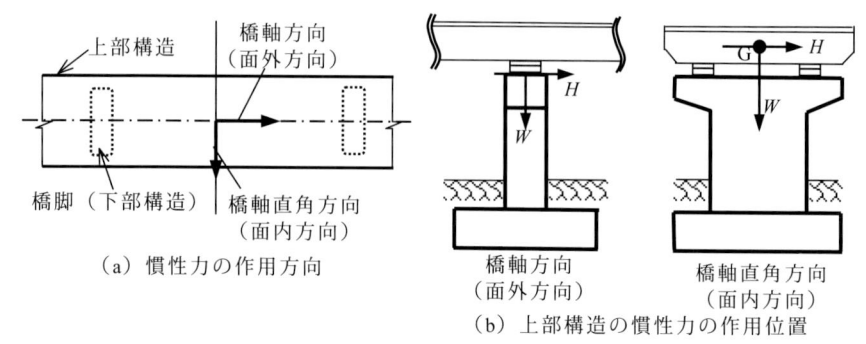

図 4.1.2　慣性力の作用方向および上部構造の慣性力の作用位置

(a) 慣性力の作用方向
(b) 上部構造の慣性力の作用位置
橋軸方向（面外方向）
橋軸直角方向（面内方向）

4.2　逆L形橋脚の設計 2), 5), 6), 7), 8), 10)

静定構造の設計例としては図 4.2.1 に示す逆 L 形形式のもので検討する．この形式は高架橋の下部構造として，しばしば採用されるものである．地震時に柱部材では，ねじりを含む組合せ力が作用するものである．

4.2.1　逆 L 形橋脚の設計条件および使用材料

・下部構造形式　　橋脚：鉄筋コンクリート逆 L 形橋脚
　　　　　　　　　基礎：直接基礎
・上部構造形式　　単純非合成桁　支間 32.40 m
　　　　　　　　　（参考文献 10) 参照）
・使用材料　　コンクリート：$\sigma_{ck} = 21\,\text{N/mm}^2$
　　　　　　　鋼　　　材：SD295（施工性から D32 以下のものとする）
・橋の重要度の区分および地域区分：B 種の橋，A 地域
・地盤条件　耐震設計上の地盤種別：I 種地盤，支持層：洪積層砂地盤（$N \geqq 50$）
・動的解析　直接積分法による非線形時刻歴応答解析（レベル 2 地震動）
・レベル 2 地震動の地震波：東神戸大橋周辺地盤上の地震波（タイプ II）
・組合せ力の検討
　　柱基部（A～A 断面）

図 4.2.1　逆 L 形橋脚

橋軸方向：二軸曲げモーメント，二軸せん断力およびねじりモーメントの検討
橋軸直角方向：曲げモーメント，せん断力の検討
梁隅部（B～B断面）
橋軸方向：二軸曲げモーメント，二軸せん断力の検討
橋軸直角方向：曲げモーメント，せん断力の検討
・構造細目　最小鋼材量：柱部材のように軸方向力を受ける場合は $0.008A_c$，梁部材のように曲げモーメントの影響が支配的の場合は $0.002A_c$

4.2.2　逆 L 形橋脚の形状寸法

逆 L 形橋脚の形状寸法を図 **4.2.4**（次ページ）に示す．この構造に対して震度法による検討結果，橋脚の安定計算，変位量の計算は常時および地震時において安全性を確保されることが明らかとなった．これに基づいて梁，柱の設計について説明をする．

4.2.3　常時および震度法による地震荷重作用時における載荷状態および断面力

断面力の検討は，図 **4.2.2** の断面を用いて行う．地震荷重作用時の断面力の算定は，震度法による設計水平震度 0.2 を用いる．各々の載荷状態は図 **4.2.3** に示すように水平方向 2 方向の慣性力を独立に橋に作用させて検討を行う．橋軸直角方向に対して上部構造による水平力の作用位置は，図 **4.2.3**（a）に示すように上部構造の重心と規定されているので偶力が生じる．

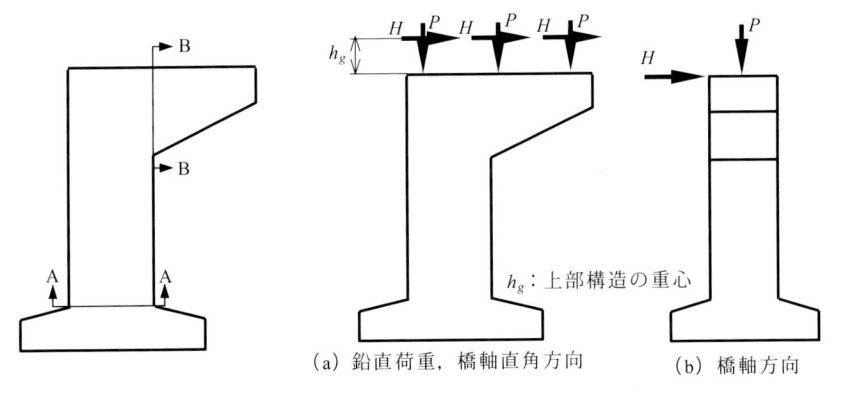

図 **4.2.2**　断面力を算定する断面

h_g：上部構造の重心

(a) 鉛直荷重，橋軸直角方向　　(b) 橋軸方向

図 **4.2.3**　載荷状態

図 4.2.4 逆 L 形橋脚の一般図

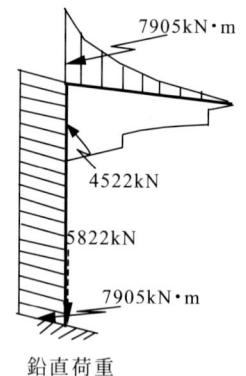

図 4.2.5 骨組モデルによる断面力の分布（常時）

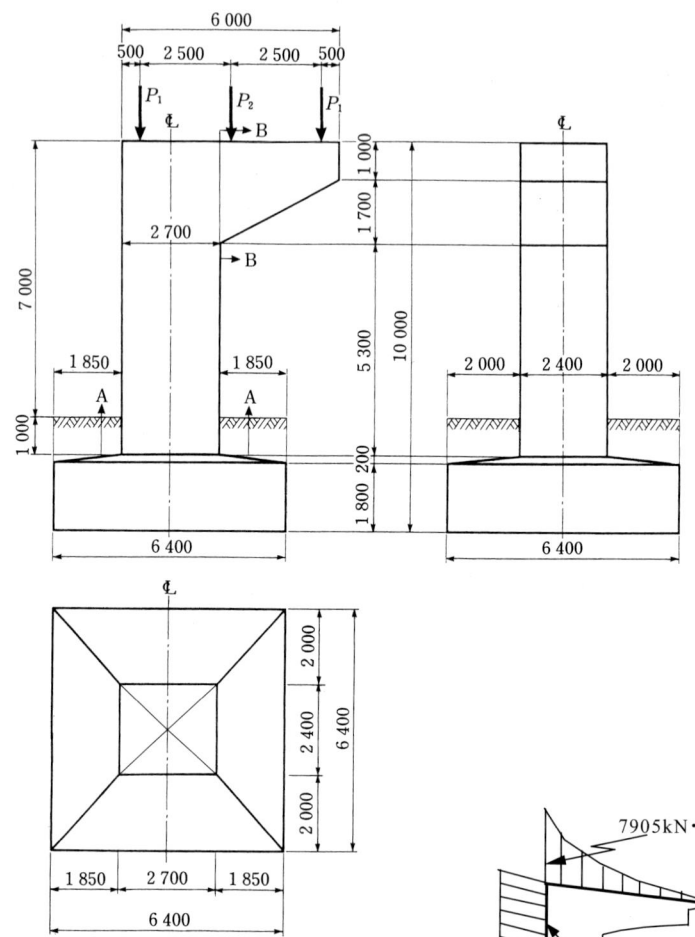

したがって，逆 L 形構造物に作用する断面力を表 4.2.1 に示す．

逆 L 形橋脚を骨組構造モデルとし，常時に作用する断面力の分布を図 4.2.5 に示す．

つづいて，地震荷重作用時に作用する断面力の分布を図 4.2.6 に示す．

表 4.2.1 逆 L 形構造物に作用する断面力

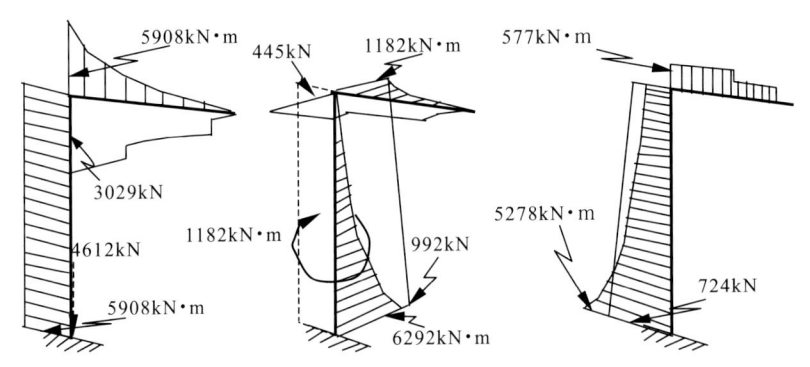

柱部材 （A～A 断面）	常時	鉛直荷重	曲げモーメント（kN·m）	7 905
			軸力（kN）	5 822
	地震荷重 作用時	鉛直荷重	曲げモーメント（kN·m）	5 908
			軸力（kN）	4 612
		水平荷重 （橋軸方向）	曲げモーメント（kN·m）	6 292
			せん断力（kN）	922
			ねじりモーメント（kN·m）	1 182
		水平荷重 （橋軸直角方向）	曲げモーメント（kN·m）	5 278
			せん断力（kN）	724
梁部材 （B～B 断面）	常時	鉛直荷重	曲げモーメント（kN·m）	7 905
			せん断力（kN）	4 552
	地震荷重 作用時	鉛直荷重	曲げモーメント（kN·m）	5 908
			せん断力（kN）	3 342
		水平荷重 （橋軸方向）	曲げモーメント（kN·m）	1 182
			せん断力（kN）	668
		水平荷重 （橋軸直角方向）	曲げモーメント（kN·m）	577

（a）鉛直荷重　　（b）水平荷重（橋軸方向）（c）水平荷重（橋軸直角方向+偶力）

図 4.2.6 骨組モデルによる断面力の分布（地震荷重時）

4.2.4　常時および震度法による地震荷重作用時に対する許容応力度の検討

　ここでは，柱部材（A～A 断面）および梁部材（B～B 断面）の応力度と許容値との比較検討を示す．各々の部材の配筋については図 4.2.7，図 4.2.8 に示す．

図 4.2.7 柱部材の配筋図（A〜A 断面）

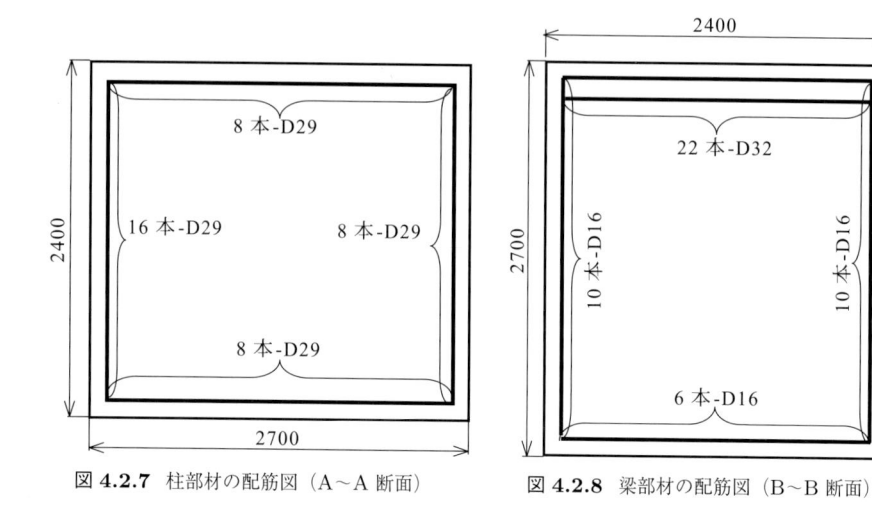

図 4.2.8 梁部材の配筋図（B〜B 断面）

図 4.2.7 の配筋図で柱部材（A〜A 断面）の曲げ応力度を**表 4.2.2**，せん断応力度を**表 4.2.3** に示す．

表 4.2.2 柱部材の曲げ応力度

荷重状態			常時	地震荷重作用時		
				橋軸	橋軸直角	鉛直荷重
断面力	M	kN·m	7 905	6 292	5 278	5 908
	N	kN	5 822	4 612	4 612	4 612
部材寸法	B	cm	240	270	240	240
	H	cm	270	240	270	270
	d_2 (上)	cm	10	10	10	10
	d_1 (下)	cm	10	10	10	10
上側鋼材量	A'_s (上)	cm²	D29-8 51.39	D29-8 51.39	D29-8 51.39	D29-8 51.39
下側鋼材量	A_s (下)	cm²	D29-16 102.78	D29-8 51.39	D29-16 102.78	D29-16 102.78
曲げ応力度	σ_c	N/mm²	4.20	3.52	3.08	3.25
	σ'_s	N/mm²	55.3	46.3	41.4	43.2
	σ_s	N/mm²	136.3	95.8	76.3	97.1
許容応力度（検討）	σ_{ca}	N/mm²	7　(OK)	10.5　(OK)	10.5　(OK)	10.5　(OK)
	σ'_{sa}	N/mm²	180　(OK)	270　(OK)	270　(OK)	270　(OK)
	σ_{sa}	N/mm²	180　(OK)	270　(OK)	270　(OK)	270　(OK)

4.2 逆L形橋脚の設計

表 4.2.3 柱部材のせん断応力度

荷重状態			地震荷重作用時	
			橋軸	橋軸直角
断面力	V	kN	922	724
部材寸法	b	cm	270	240
	h	cm	240	270
	d	cm	230	260
軸方向引張鋼材比	p_s	%	0.08	0.08
平均せん断応力度	τ_m	N/mm^2	0.156	0.121
許容せん断応力度（検討）	τ_{a1}	N/mm^2	0.22（OK）	0.22（OK）

図 **4.2.8** の配筋図で梁部材（B〜B 断面）の曲げ応力度を表 **4.2.4**，せん断応力度を表 **4.2.5** に示す．

表 4.2.4 梁部材の曲げ応力度

荷重状態			常時	地震荷重作用時	
				橋軸	鉛直荷重
断面力	M	kN·m	7 905	1 182	5 908
	N	kN	—	—	—
部材寸法	b	cm	240	270	240
	h	cm	270	240	270
	d_2（上）	cm	10.5	9.9	10.5
	d_1（下）	cm	10.5	9.9	10.5
下側鋼材量	A'_s（下）	cm^2	D16-6 11.88	D16-10 19.86	D16-6 11.88
上側鋼材量	A_s（上）	cm^2	D32-22 174.72	D16-10 19.86	D32-22 174.72
曲げ応力度	σ_c	N/mm^2	4.8	2.0	3.6
	σ'_s	N/mm^2	65.4	20.1	48.9
	σ_s	N/mm^2	173.7	262.6	129.5
許容応力度(検討)	σ_{ca}	N/mm^2	7（OK）	10.5（OK）	10.5（OK）
	σ'_{sa}	N/mm^2	180（OK）	270（OK）	270（OK）
	σ_{sa}	N/mm^2	180（OK）	270（OK）	270（OK）

表 4.2.5 梁部材の許容せん断応力度

荷重状態			常時	地震荷重作用時	
				橋軸方向	鉛直荷重
断面力	V	kN	4 552	668	3 342
部材寸法	b	cm	240	270	240
	h	cm	270	240	270
	d	cm	259.5	230.1	259.5
軸方向引張鋼材比	p_s	%	0.28	0.032	0.28
平均せん断応力度	τ_m	N/mm²	0.732	0.109	0.538
許容せん断応力度(検討)	τ_{a1}	N/mm²	0.22 (NO)	0.22 (OK)	0.22 (NO)
	τ_{a2}	N/mm²	1.6 (OK)	1.6 (OK)	1.6 (OK)

4.2.5 地震時保有水平耐力法に対する終局荷重作用時における断面力

終局荷重作用時の断面力の算定は,静定解析による場合にタイプIIの設計水平震度 0.6 を用いる.よって,逆 L 形橋脚に作用する断面力結果を**表 4.2.6** に示す.

表 4.2.6 逆 L 形橋脚に作用する断面力

柱部材 (A 断面)	終局荷重 作用時	鉛直荷重	曲げモーメント (kN·m)	5 908
			軸力 (kN)	4 612
		水平荷重 (橋軸方向)	曲げモーメント (kN·m)	18 876
			せん断力 (kN)	2 767
			ねじりモーメント (kN·m)	3 545
		水平荷重 (橋軸直角方向)	曲げモーメント (kN·m)	15 835
			せん断力 (kN)	1 955
梁部材 (B 断面)	終局荷重 作用時	鉛直荷重	曲げモーメント (kN·m)	5 908
			せん断力 (kN)	3 342
		水平荷重 (橋軸方向)	曲げモーメント (kN·m)	3 545
			せん断力 (kN)	2 005
		水平荷重 (橋軸直角方向)	曲げモーメント (kN·m)	1 731

逆 L 形橋脚を骨組構造モデルとし,終局荷重作用時に作用する断面力の分布を**図 4.2.9** に示す.

地震時保有水平耐力法に従って橋脚躯体の試算を数回繰り返し,最終断面として**図 4.2.10** に示す配筋図となった.

図 4.2.10 の柱部材(A〜A 断面)の配筋を用いて,道路橋示方書に規定されている曲げモーメント–曲率の関係を**表 4.2.7** に示す.

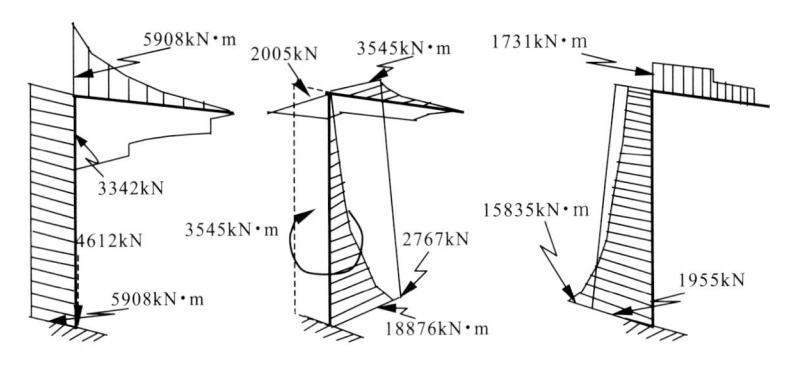

(a) 鉛直荷重　　(b) 水平荷重（橋軸方向）　　(c) 水平荷重（橋軸直角方向+偶力）

図 4.2.9　逆 L 形橋脚による断面力の分布（終局荷重時）

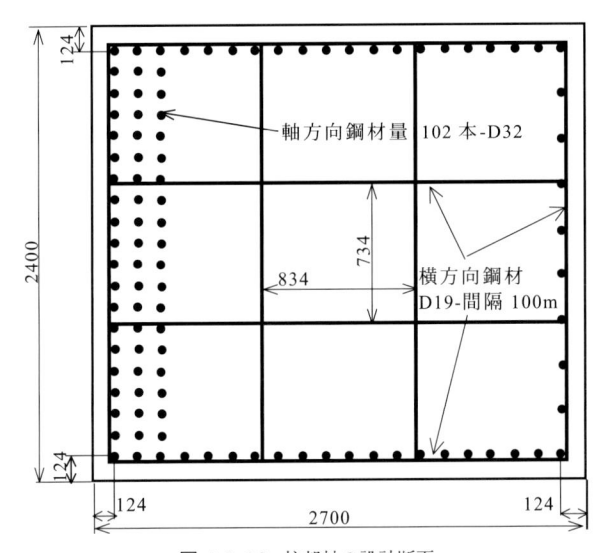

図 4.2.10　柱部材の設計断面

表 4.2.7　曲げモーメント-曲率の関係（柱部材の基部）

	橋軸方向		橋軸直角方向	
	曲げモーメント(kN·m)	曲率(1/m)	曲げモーメント(kN·m)	曲率(1/m)
ひび割れ時	5 749	0.77×10^{-5}	6 459	0.68×10^{-5}
初降伏時	19 766	0.82×10^{-3}	33 758	0.79×10^{-3}
終局時(タイプ II)	25 363	2.15×10^{-2}	38 856	1.36×10^{-2}

静的解析による橋脚の水平耐力の照査および残留変位の照査を**表 4.2.8** に示す．

表 4.2.8 橋脚躯体の安全性の判定

タイプ II の地震動			
		橋軸方向	橋軸直角方向
$k_{he} \times W$	kN	2 279	1 682
地震時保有水平耐力（P_a）	kN	3 170	3 591
判定		$P_a \geqq k_{he}W$ OK	$P_a \geqq k_{he}W$ OK
残留変位（δ_R）	m	0.02	0.004
許容残留変位（δ_{Ra}）	m	0.08	0.095
判定		$\delta_{Ra} \geqq \delta_R$ OK	$\delta_{Ra} \geqq \delta_R$ OK

以上で静的解析の照査が終了したので，次に動的解析を行う．動的解析に用いるモデル図を**図 4.2.11** に示す．終局荷重時の断面力の算定では，直接積分法による線形時刻歴応答解析（振動系の運動方程式を時々刻々，直接数値積分して応答を求めるものである）を用いる．終局荷重時の最大変位の検討として，直接積分法による非線形時刻歴応答解析（振動系の運動方程式を時々刻々，直接数値積分して応答を求めるものであり，塑性ヒンジ区間に非線形回転バネを考慮し解析する）を用いる．動的解析に用いるバネ要素の物性値を**表 4.2.9** に示す．

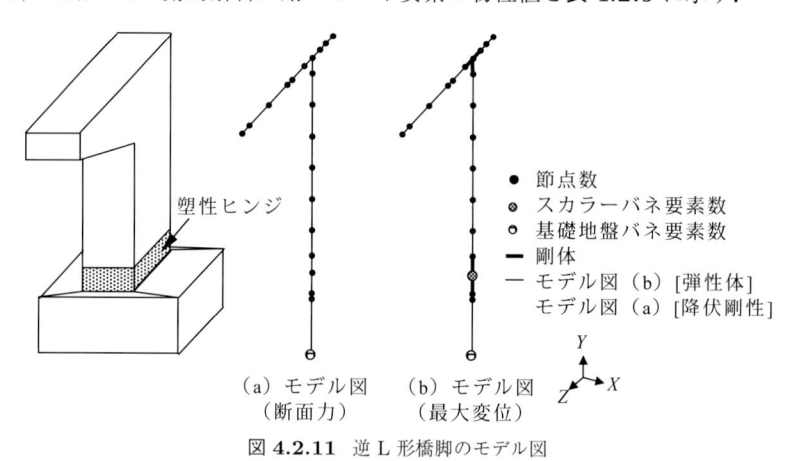

図 4.2.11 逆 L 形橋脚のモデル図
(a) モデル図（断面力）
(b) モデル図（最大変位）

凡例：● 節点数　◎ スカラーバネ要素数　○ 基礎地盤バネ要素数　― 剛体　― モデル図（b）[弾性体]　― モデル図（a）[降伏剛性]

地震動を独立に作用させた場合にレベル 2 地震動のタイプ II の動的解析において試算した結果，最大変位を**図 4.2.12** に，断面力を**図 4.2.13** に示す．

ここで，逆 L 形橋脚の断面力の算定結果に関して，静的解析と動的解析の比較検討を**表 4.2.10** に示す．

4.2 逆L形橋脚の設計 / 63

表 **4.2.9** バネ要素の物性値

橋軸方向			
基礎地盤バネ		スカラーバネ	
基礎の x 軸方向のバネ定数 K_x (kN/m)	1.48×10^6	スカラーバネの z 軸方向のバネ定数 $K_{\theta z}$ (kN·m/rad)	1.89×10^7
基礎の y 軸方向のバネ定数 K_y (kN/m)	4.46×10^6	基礎の x 軸方向のバネ定数 K_x (kN/m)	1.00×10^9
基礎の z 軸回りの回転バネ定数 $K_{\theta z}$ (kN·m/rad)	1.52×10^7	基礎の y 軸方向のバネ定数 K_y (kN/m)	1.00×10^9
橋軸直角方向			
基礎地盤バネ		スカラーバネ	
基礎の z 軸方向のバネ定数 K_z (kN/m)	1.48×10^6	スカラーバネの x 軸方向のバネ定数 $K_{\theta x}$ (kN·m/rad)	2.36×10^7
基礎の x 軸回りの回転バネ定数 $K_{\theta x}$ (kN·m/rad)	1.52×10^7	基礎の z 軸方向のバネ定数 K_z (kN/m)	1.00×10^9
基礎の y 軸回りの回転バネ定数 $K_{\theta y}$ (kN·m/rad)	1.00×10^{10}	基礎の y 軸方向のバネ定数 K_y (kN/m)	1.00×10^9

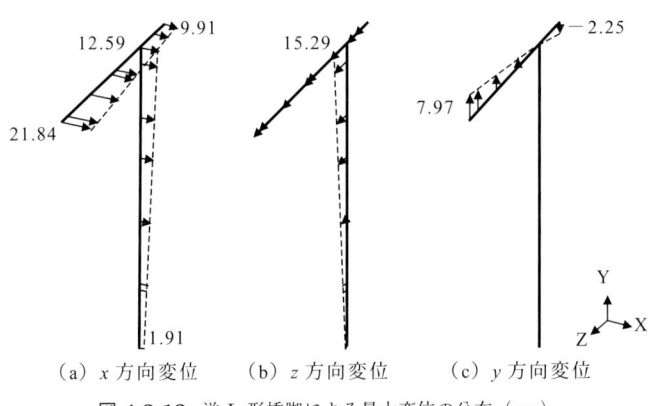

図 **4.2.12** 逆L形橋脚による最大変位の分布 (cm)

　動的解析による道路橋示方書の規定では，部材の粘性抵抗により生じる粘性減衰，振動エネルギーの地下逸散減衰等より，荷重低減係数が用いられている．さらに動的解析に用いる地震波は，ある過去の地震波を用いて検討を行っている．その結果，実際に作用する地震波による最大加速度についても未知数であるため，ここでは組合せ力の検討に用いる断面力として静的解析の数値を使用する．

図 4.2.13 逆L形橋脚による断面力の分布（動的解析）

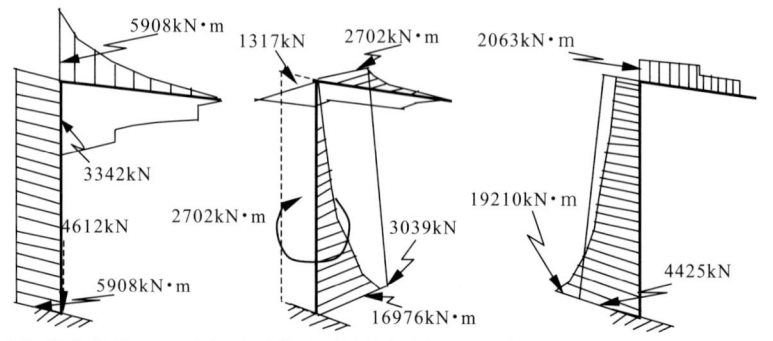

(a) 鉛直荷重　　(b) 水平荷重（橋軸方向）　　(c) 水平荷重（橋軸直角方向+偶力）

表 4.2.10 動的解析と静的解析の断面力の比較

断面	荷重状態	断面力	静的解析	動的解析	動＞静
柱部材 （A断面）	水平荷重 (橋軸方向)	曲げモーメント（kN·m）	18 876	16 976	×
		せん断力（kN）	2 767	3 039	○
		ねじりモーメント（kN·m）	3 545	2 702	×
	水平荷重 (橋軸直角方向)	曲げモーメント（kN·m）	15 835	19 210	○
		せん断力（kN）	1 955	4 425	○
梁部材 （B断面）	水平荷重 (橋軸方向)	曲げモーメント（kN·m）	3 545	2 702	×
		せん断力（kN）	2 005	1 317	×
	水平荷重 (橋軸直角方向)	曲げモーメント（kN·m）	1 731	2 063	○

4.2.6　終局荷重時の検討

(1) 柱部材の橋軸方向に対する検討

a. 二軸に対する検討（付録2.2参照）

1) 二軸曲げモーメントの部材設計の検討

二軸曲げモーメントの検討として，図 **4.2.9** より軸力 4 612 kN が柱部材に作用している．軸耐力 N_{ud} は，

$$N_{ud} = 0.85 f'_c bh + \sum A_l f_{ly}$$
$$= 0.85 \times (21/1.3) \times 2\,700 \times 2\,400 + 295 \times 102 \times 794.2 = 112\,873 \text{ kN}$$

$\dfrac{N}{N_{ud}} = \dfrac{4\,612}{112\,873} = 0.0409$ より，$\alpha_n = 1.0$ となる．次に，図 **4.2.10** の配筋図を用いて，M_{ux}（鉛直荷重），M_{uy}（水平荷重：橋軸方向）の耐力を算定し，二軸

曲げの安全性を検討する．曲げ耐力の計算結果を表 **4.2.11** に示す．

表 4.2.11 二軸曲げの検討

荷重＼断面力	設計曲げモーメント (kN·m)	設計曲げ耐力 (kN·m)
鉛直荷重	5 908	38 757
水平荷重（橋軸方向）	18 876	25 380

二軸曲げモーメントの検討は，

$$\left(\frac{M_x}{M_{ux}}\right)^\alpha + \left(\frac{M_y}{M_{uy}}\right)^\alpha = \left(\frac{5\,908}{38\,757}\right)^1 + \left(\frac{18\,876}{25\,380}\right)^1 = 0.896 < 1.0 = \text{OK}$$

よって，二軸曲げの検討結果，この柱部材は橋軸方向に関して安全である．

b. 断面耐力の算定

1) 二軸曲げ耐力の算定（M_{ud}）

設計二軸曲げモーメントを考慮しながら二軸曲げ耐力を算出する．そこで，設計二軸曲げモーメントは次式で求まる．

$$M_d = \sqrt{M_x^2 + M_y^2} = \sqrt{5\,908^2 + 18\,876^2} = 19\,779\,\text{kN}\cdot\text{m}$$

次に，二軸曲げに対する主軸の傾きは次式により求まる．

$$\beta = \arctan\left(\frac{M_x}{M_y}\right) = \arctan\left(\frac{5\,908}{18\,876}\right) = 17°$$

主軸の傾きを考慮して圧縮域と引張域を図に示すと，図 **4.2.14** となる．ここで，斜線部分は圧縮力を受ける部分である．なお，ここで近似的に引張側に配置された軸方向鋼材は降伏ひずみに達しており，圧縮部のコンクリートのひずみは終局圧縮ひずみに至らないと仮定する．この仮定は以降の計算例のすべてに適用する．

引張側に配置された主鋼材を引張鋼材とした場合の設計曲げ耐力 M_{ud} を考える際に，図 **4.2.14** のように常に引張側に配置された主鋼材本数は，D32-74 本となる．

付録 2.2 を参考に二軸曲げ耐力を算出する．中立軸を $x = 1\,061.912\,\text{mm}$ とするとコンクリート圧縮合力と作用点および鋼材の引張合力と作用点は以下のようになる．また，軸力は，影響が小さいために無視する．

・コンクリート圧縮合力（C_c'）: 17 337 kN, コンクリート圧縮の作用点（a_1）: 0.496 m

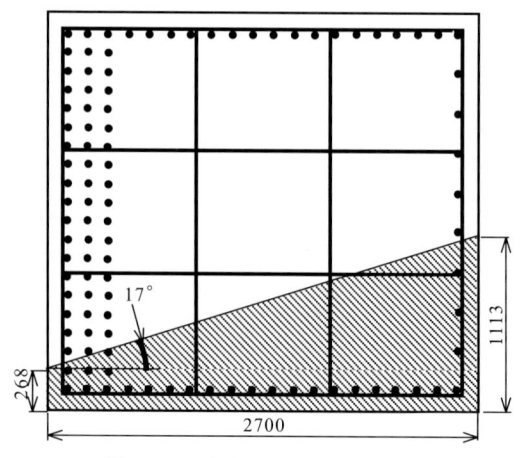

図 4.2.14 柱部材の圧縮域と引張域

・鋼材の引張合力 (T_s)：17 337 kN，引張合力の重心 (a_3)：1.039 m

釣合い状態は $0 = C'_c - T_s = 17\,337 - 17\,337$ より成り立つ．よって終局曲げ耐力 (M_{ud}) は，

$$M_{ud} = T_s \times (a_3 + a_1)/\gamma_b = 17\,337 \times (0.496 + 1.039)/1.15 = 23\,416 \text{ kN} \cdot \text{m}$$

2) せん断耐力 (V_{ud})

設計せん断力は，$V_d = 2\,767$ kN である．図 4.2.10 に示すように x 軸と y 軸に 4 本の横方向鋼材が配筋されている．せん断耐力の計算において横方向補強鋼材として，4 本-D19 の区間 100 mm と仮定する．また，有効高さは $d = 1\,061 + 1\,039 = 2\,101$ mm である．z_{se} は次式となる．

$$z_{se} = d/1.15 = 2\,101/1.15 = 1\,827 \text{ mm}$$

よって，せん断耐力 V_{ud} は，

$$V_{ud} = [A_w f_{wy}(\sin \alpha_{se} + \cos \alpha_{se})/s_s]z_{se}/\gamma_b$$
$$= [4 \times 286.5 \times 295 \times (\sin 90 + \cos 90) \times 1\,827]/(100 \times 1.15) = 5\,371 \text{ kN}$$

3) ねじり耐力 (M_{tud})

図 4.2.10 より横方向鋼材の短辺および長辺が算出でき，

$$b_v = 2\,203 \text{ mm}, \quad d_v = 2\,503 \text{ mm}$$

となる．よってねじり耐力は，以下のようになる．

$$M_{tud} = 2A_m\sqrt{q_w q_l}/\gamma_b = 2 \times 5.51 \times 10^6 \sqrt{1\,056 \times 845}/1.3 = 8\,014\,\mathrm{kN \cdot m}$$
$$A_m = b_v \times d_v = 2\,503 \times 2\,203 = 5\,512\,697\,\mathrm{mm}^2$$
$$u_0 = 2(b_v + d_v) = 2 \times (2\,503 + 2\,203) = 9\,411\,\mathrm{m}$$
$$q_w = 286.5 \times 295/100 = 845 \qquad 1.25 \times q_l = 3\,174 > 845 \text{ より } q_w = 845$$
$$q_l = 166 \times 794.2 \times 295/9\,411 = 2\,539$$
$$\qquad\qquad\qquad\qquad 1.25 \times q_w = 1\,056 < 4\,133 \text{ より } q_l = 1\,056$$

c. 組合せ力の検討

4.2.6 (1) b. で算定した終局耐力を用いて，第 2 章の組合せの検討を行う．

式 (2.37) 第 1 破壊モード　$\dfrac{M}{M_{ud}} + \left(\dfrac{V}{V_{ud}}\right)^2 R + \left(\dfrac{M_t}{M_{tud}}\right)^2 R = 1$

式 (2.46) 第 3 破壊モード　$\left(\dfrac{V}{V_{ud}}\right)^2 + \left(\dfrac{M_t}{M_{tud}}\right)^2 + \dfrac{VM_t}{V_{ud}M_{tud}}2\sqrt{\dfrac{2d_v}{u_0}} = \dfrac{1+R}{2R}$

ここで，R は第 1 章で述べたとおり軸方向鋼材の降伏力比である．地震時には，正負の曲げモーメントが作用するが，下側と上側に同等な配筋しているため第 2 破壊モードは検討を行わない．また以下の橋軸方向の検討は，同様である．

R は軸方向鋼材の降伏力比であることから，二軸曲げ耐力を算定したときに使用した引張側に配置された鋼材の引張鋼材の合力を下側軸鋼材降伏力 F_{bly} とする．圧縮側に配置された鋼材を引張鋼材として考えたときの引張鋼材の合力を上側軸鋼材降伏力 F_{tly} とする．常に圧縮側に配置された主鋼材本数は，D32-23 本とする．よって，降伏力比 R は，

$$R = \frac{F_{tly}}{F_{bly}} = \frac{5\,154}{17\,337} = 0.297$$

となる．R を理論式に代入し，また各々の断面力および終局耐力を代入すると，
　第 1 破壊モード　式 (2.37)

$$\frac{M}{M_{ud}} + \left(\frac{V}{V_{ud}}\right)^2 R + \left(\frac{M_t}{M_{tud}}\right)^2 R = \frac{19\,779}{23\,146} + \left(\frac{2\,767}{5\,371}\right)^2 \times 0.297$$
$$\qquad\qquad\qquad\qquad + \left(\frac{3\,545}{8\,014}\right)^2 \times 0.297 = 0.992 \leqq 1.0$$

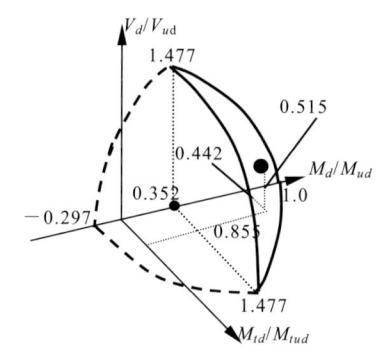

図 4.2.15 曲げ，せん断，ねじりの相関関係面（第 1 破壊モード）

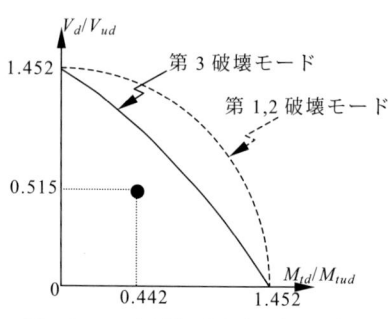

図 4.2.16 せん断，ねじりの相関関係面（第 3 破壊モード）

第 3 破壊モード　式 (2.46)

$$\left(\frac{V}{V_{ud}}\right)^2 + \left(\frac{M_t}{M_{tud}}\right)^2 + \frac{VM_t}{V_{ud}M_{tud}}2\sqrt{\frac{2d_v}{u_0}} = \frac{1+R}{2R} = \left(\frac{2\,767}{5\,371}\right)^2 + \left(\frac{3\,545}{8\,014}\right)^2$$
$$+ \left(\frac{2\,767 \times 3\,545}{5\,371 \times 8\,014}\right) \times \sqrt{\frac{8 \times 2\,503}{9\,411}} = 0.794 < 2.182$$

　第1，第2破壊モードの相関関係面に，各々の断面力による相関関係を代入すると，図 4.2.15 に示すように相関関係面内に存在している．次に第3破壊モードの相関関係面を考慮すると，図 4.2.16 に示すように相関関係面内に存在している（注：図 4.2.16 について $M_{td}/M_{tud} = 0$ の場合は，$(V_d/V_{ud})^2 = 2.109$ となる．二乗を解くと $V_d/V_{ud} = 1.452$ となる）．最終的に第1，第2破壊モードの相関関係面に，第3破壊モードの相関関係面を代入しても相関関係面内に存在している．よって，組合せ力の検討結果，この柱部材は橋軸方向に関して安全である．

(2) 柱部材の橋軸直角方向に対する検討

a. 断面耐力の算定

1) 曲げ耐力の算定 (M_{ud})

　設計曲げモーメントは，$M_d = 21\,742\,\text{kN}\cdot\text{m}$ である．圧縮域と引張域を図に示すと，図 4.2.17 となる．ここで，斜線部分は圧縮力を受ける部分である．

　引張側に配置された主鋼材を引張鋼材とした場合の設計曲げ耐力 M_{ud} を考える際に，図 4.2.17 のように常に引張側に配置された主鋼材本数は，D32-84 本となる．

　中立軸を $x = 746.509\,\text{mm}$ とするとコンクリート圧縮合力と作用点および鋼材

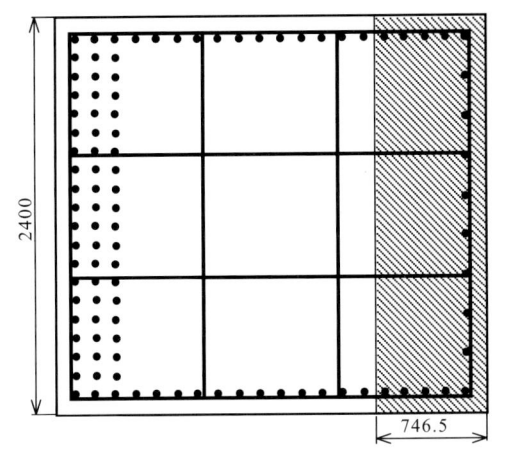

図 4.2.17 柱部材の圧縮域と引張域

の引張合力と作用点は以下のようになる．また，軸力は影響が小さいために無視する．

- コンクリート圧縮合力 (C'_c)：19 680 kN，コンクリート圧縮の作用点 (a_1)：0.448 m
- 鋼材の引張合力 (T_s)：19 680 kN，引張合力の重心 (a_3)：1.424 m

釣合い状態は $0 = C'_c - T_s = 19\,680 - 19\,680$ より成り立つ．よって終局曲げ耐力 (M_{ud}) は，

$$M_{ud} = T_s \times (a_3 + a_1)/\gamma_b = 19\,680 \times (0.448 + 1.424)/1.15 = 32\,032\,\text{kN}\cdot\text{m}$$

2) せん断耐力 (V_{ud})

設計せん断力は，$V_d = 1\,955$ kN である．図 4.2.10 に示すように x 軸と y 軸に 4 本の横方向鋼材が配筋されている．せん断耐力の計算において横方向補強鋼材として，4 本-D19 の区間 100 mm と仮定する．また，有効高さは $d = 747 + 1\,424 = 2\,170$ mm である．z_{se} は次式となる．

$$z_{se} = d/1.15 = 2\,170/1.15 = 1\,887\,\text{mm}$$

よって，せん断耐力 V_{ud} は，

$$\begin{aligned}
V_{ud} &= [A_w f_{wy}(\sin\alpha_{se} + \cos\alpha_{se})/s_s]z_{se}/\gamma_b \\
&= [4 \times 286.5 \times 295 \times (\sin 90 + \cos 90) \times 1\,887]/(100 \times 1.15) = 5\,548\,\text{kN}
\end{aligned}$$

b. 組合せ力の検討

4.2.6 (2) a. で算定した終局耐力を用いて，第2章の組合せの検討を行う．橋軸直角方向は，主に正の曲げモーメントが作用するため第2破壊モードは検討を行わない．また以下の橋軸直角方向の検討も同様である．次に常に圧縮側に配置された主鋼材本数は，D32-16本とする．よって，降伏力比 R は，

$$R = \frac{F_{tly}}{F_{bly}} = \frac{3\,749}{19\,680} = 0.190$$

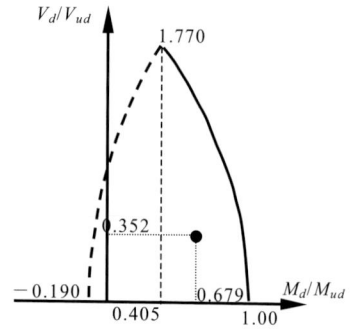

図 4.2.18 曲げ，せん断力の相関関係面

となる．R を理論式に代入し，また各々の断面力および終局耐力を代入すると，
第1破壊モード　式 (2.7)

$$\frac{M}{M_{ud}} + \left(\frac{V}{V_{ud}}\right)^2 R = \frac{21\,742}{32\,032} + \left(\frac{1\,955}{5\,548}\right)^2 \times 0.190 = 0.723 \leq 1.0$$

第1，第2破壊モードの相関関係面に，各々の断面力による相関関係を代入すると，図 4.2.18 に示すように相関関係面内に存在している．よって，組合せ力の検討結果，この柱部材は橋軸直角方向に関して安全である．したがって，柱部材は安全である．

(3) 梁部材の橋軸方向に対する検討

a. 二軸に対する検討

1) 二軸曲げモーメントの部材設計の検討

図 4.2.19 の配筋図を用いて，M_{ux}（鉛直荷重），M_{uy}（水平荷重：橋軸方向）の耐力を算定し二軸曲げの安全性を検討する．曲げ耐力の計算結果を表 4.2.12 に示す．

表 4.2.12 二軸曲げの検討

荷重＼断面力	設計曲げモーメント（kN·m）	設計曲げ耐力（kN·m）
鉛直荷重	5 908	13 638
水平荷重（橋軸方向）	3 545	7 863

二軸曲げモーメントの検討は，

$$\left(\frac{M_x}{M_{ux}}\right)^\alpha + \left(\frac{M_y}{M_{uy}}\right)^\alpha = \left(\frac{5\,908}{13\,638}\right)^1 + \left(\frac{3\,545}{7\,863}\right)^1 = 0.884 < 1.0 = \text{OK}$$

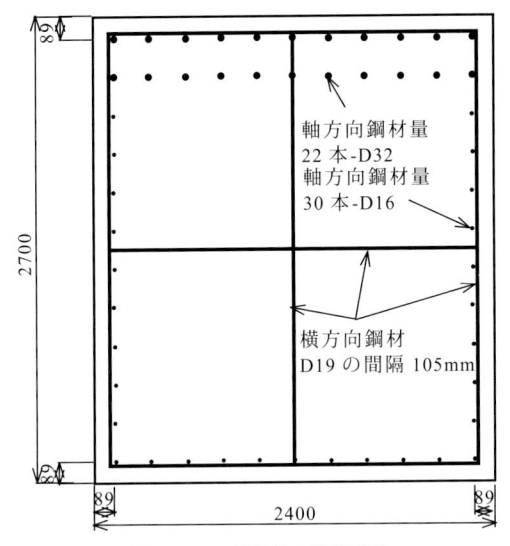

図 4.2.19 梁部材の設計断面

(図中注記: 軸方向鋼材量 22本-D32、軸方向鋼材量 30本-D16、横方向鋼材 D19の間隔105mm、寸法 2700、2400、89)

よって，二軸曲げの検討結果，この梁部材は橋軸方向に関して安全である．

2) 二軸せん断の検討

図 **4.2.19** の配筋図を用いて，V_{ux}（鉛直荷重），V_{uy}（水平荷重：橋軸方向）の耐力を算定し二軸せん断の安全性を検討する．せん断耐力の計算結果を表 **4.2.13** に示す．

表 **4.2.13** 二軸せん断の検討

荷重 \ 断面力	設計曲げモーメント（kN·m）	設計曲げ耐力（kN·m）
鉛直荷重	3 342	4 792
水平荷重（橋軸方向）	2 005	2 963

二軸せん断力の検討は，

$$\left(\frac{V_x}{V_{ux}}\right)^\alpha + \left(\frac{V_y}{V_{uy}}\right)^\alpha = \left(\frac{3\,342}{4\,792}\right)^2 + \left(\frac{2\,005}{2\,963}\right)^2 = 0.944 < 1.0 = \text{OK}$$

よって，二軸せん断の検討結果，この梁部材は橋軸方向に関して安全である．

b. 断面耐力の算定

1) 二軸曲げ耐力の算定（M_{ud}）

設計二軸曲げモーメントを考慮しながら二軸曲げ耐力を算出する．そこで，設

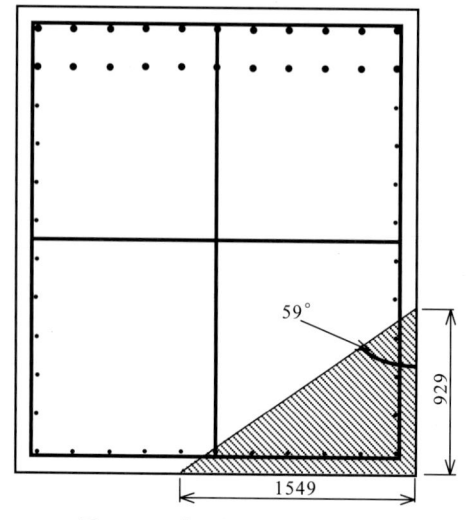

図 **4.2.20** 梁部材の圧縮域と引張域

計二軸曲げモーメントは次式で求まる．

$$M_d = \sqrt{M_x^2 + M_y^2} = \sqrt{5\,908^2 + 3\,545^2} = 6\,890\,\text{kN}\cdot\text{m}$$

そこで，二軸曲げに対する主軸の傾きは次式により求まる．

$$\beta = \arctan\left(\frac{M_x}{M_y}\right) = \arctan\left(\frac{5\,908}{3\,545}\right) = 59°$$

主軸の傾きを考慮して圧縮域と引張域を図に示すと，図 **4.2.20** となる．ここで，斜線部分は圧縮力を受ける部分である．

引張側に配置された主鋼材を引張鋼材とした場合の設計曲げ耐力 M_{ud} を考える際に，図 **4.2.20** のように常に引張側に配置された主鋼材本数は，D32-22 本，D19-20 本となる．

中立軸を $x = 796.988\,\text{mm}$ とするとコンクリート圧縮合力と作用点および鋼材の引張合力と作用点は以下のようになる．

・コンクリート圧縮合力 (C_c')：$6\,326\,\text{kN}$，コンクリート圧縮の作用点 (a_1)：$0.372\,\text{m}$
・鋼材の引張合力 (T_s)：$6\,326\,\text{kN}$，引張合力の重心 (a_3)：$1.763\,\text{m}$

釣合い状態は $0 = C'_c - T_s = 6\,736 - 6\,736$ より成り立つ．よって終局曲げ耐力 (M_{ud}) は，

$$M_{ud} = T_s \times (a_3 + a_1)/\gamma_b = 6\,326 \times (1.763 + 0.372)/1.15 = 11\,746\,\text{kN} \cdot \text{m}$$

2) 二軸せん断耐力 (V_{ud})

設計二軸せん断力は次式で求まる．

$$V_d = \sqrt{V_x^2 + V_y^2} = \sqrt{3\,342^2 + 2\,005^2} = 3\,897\,\text{kN}$$

図 **4.2.19** に示すように x 軸 3 本と y 軸 3 本で横方向鋼材が配筋されている．二軸せん断耐力の計算において横方向補強鋼材として，3 本-D19 の区間 105 mm と仮定する．また，有効高さは $d = 797 + 1\,763 = 2\,560\,\text{mm}$ である．z_{se} は，次式となる．

$$z_{se} = d/1.15 = 2\,560/1.15 = 2\,226\,\text{mm}$$

よって，せん断耐力 V_{ud} は，

$$V_{ud} = [A_w f_{wy}(\sin \alpha_{se} + \cos \alpha_{se})/s_s]z_{se}/\gamma_b$$
$$= [3 \times 286.5 \times 295 \times (\sin 90 + \cos 90) \times 2\,226]/(105 \times 1.15) = 4\,675\,\text{kN}$$

c. 組合せ力の検討

4.2.6 (3) b. で算定した終局耐力を用いて，第 2 章の組合せの検討を行う．次に常に圧縮側に配置された主鋼材本数は，D16-9 本とする．よって，降伏力比 R は，

$$R = \frac{F_{tly}}{F_{bly}} = \frac{527}{6\,325} = 0.083$$

となる．R を理論式に代入し，また各々の断面力および終局耐力を代入すると，

第 1 破壊モード　式 (2.7)

$$\frac{M}{M_{ud}} + \left(\frac{V}{V_{ud}}\right)^2 R = \frac{6\,890}{11\,746} + \left(\frac{3\,897}{4\,675}\right)^2 \times 0.083 = 0.644 \leqq 1.0$$

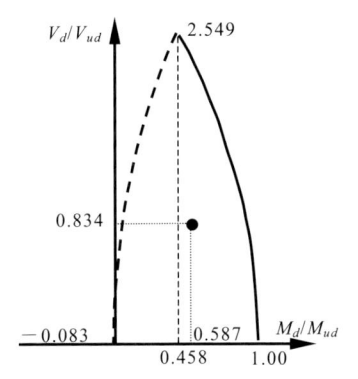

図 **4.2.21** 曲げ，せん断力の相関関係面

第 1，第 2 破壊モードの相関関係面に，各々の断面力による相関関係を代入すると，図 **4.2.21** に示すように相関関係面内に存在している．よって，組合せ力の検討結果，この梁部材は橋軸方向に関して安全である．

(4) 梁部材の橋軸直角方向に対する検討

a. 断面耐力の算定

1) 曲げ耐力の算定（M_{ud}）

設計曲げモーメントは，$M_d = 7639\,\mathrm{kN \cdot m}$ である．圧縮域と引張域を図に示すと，図 **4.2.22** となる．ここで，斜線部分は圧縮力を受ける部分である．

引張側に配置された主鋼材を引張鋼材とした場合の設計曲げ耐力 M_{ud} を考える際に，図 **4.2.22** のように常に引張側に配置された主鋼材本数は，D32-22 本，D19-18 本となる．

中立軸を $x = 235.516\,\mathrm{mm}$ とするとコンクリート圧縮合力と作用点および鋼材の引張合力と作用点は以下のようになる．また，軸力は影響が小さいために無視する．

・コンクリート圧縮合力 (C'_c)：$6209\,\mathrm{kN}$，コンクリート圧縮の作用点 (a_1)：$0.141\,\mathrm{m}$

・鋼材の引張合力 (T_s)：$6209\,\mathrm{kN}$，引張合力の重心 (a_3)：$2.047\,\mathrm{m}$

釣合い状態は $0 = C'_c - T_s = 6209 - 6209$ より成り立つ．よって終局曲げ耐力 (M_{ud}) は，

$$M_{ud} = T_s \times (a_3 + a_1)/\gamma_b = 6209 \times (0.141 + 2.047)/1.15 = 11813\,\mathrm{kN \cdot m}$$

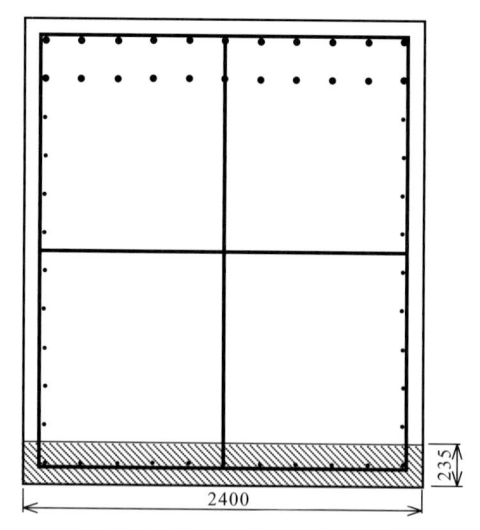

図 **4.2.22** 梁部材の圧縮域と引張域

2) せん断耐力（V_{ud}）

設計せん断力は，$V_d = 3\,342\,\mathrm{kN}$ である．図 **4.2.19** に示すように x 軸と y 軸に 3 本の横方向鋼材が配筋されている．せん断耐力の計算において横方向補強鋼材として，3 本-D19 の区間 105 mm と仮定する．また，有効高さは $d = 236 + 2\,047 = 2\,282\,\mathrm{mm}$ である．z_{se} は次式となる．

$$z_{se} = d/1.15 = 2\,282/1.15 = 1\,984\,\mathrm{mm}$$

よって，せん断耐力 V_{ud} は，

$$\begin{aligned}V_{ud} &= [A_w f_{wy}(\sin\alpha_{se} + \cos\alpha_{se})/s_s]z_{se}/\gamma_b \\ &= [3 \times 286.5 \times 295 \times (\sin 90 + \cos 90) \times 1\,984]/(105 \times 1.15) = 4\,167\,\mathrm{kN}\end{aligned}$$

b. 組合せ力の検討

4.2.6 (4) a. で算定した終局耐力を用いて，第 2 章の組合せの検討を行う．次に常に圧縮側に配置された主鋼材本数は，D19-11 本とする．よって，降伏力比 R は，

$$R = \frac{F_{tly}}{F_{bly}} = \frac{586}{6\,209} = 0.094$$

となる．R を理論式に代入し，また各々の断面力および終局耐力を代入すると，

第 1 破壊モード　式 (2.7)

$$\frac{M}{M_{ud}} + \left(\frac{V}{V_{ud}}\right)^2 R = \frac{7\,639}{11\,813} + \left(\frac{3\,342}{4\,167}\right)^2 \times 0.094 = 0.707 \leqq 1.0$$

第 1，第 2 破壊モードの相関関係面に，各々の断面力による相関関係を代入すると，図 **4.2.23** に示すように相関関係面内に存在している．よって，組合せ力の検討結果，この梁部材は橋軸直角方向に関して安全である．

よって，梁部材は安全である．

また，表 **4.2.10** に示すように動的解析と静的解析の断面力を比較すると，橋軸直角方向では動的解析の影響が大きくなった．そのことから，動的解析の断面力に対する終局荷重時の検討を行うと，部材は安全であると確認できた．

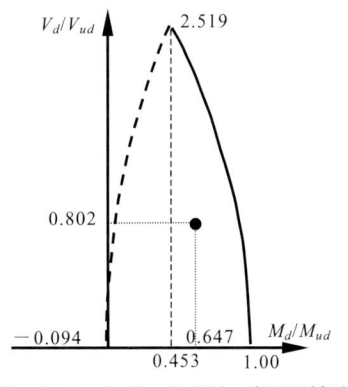

図 **4.2.23** 曲げ，せん断力の相関関係面

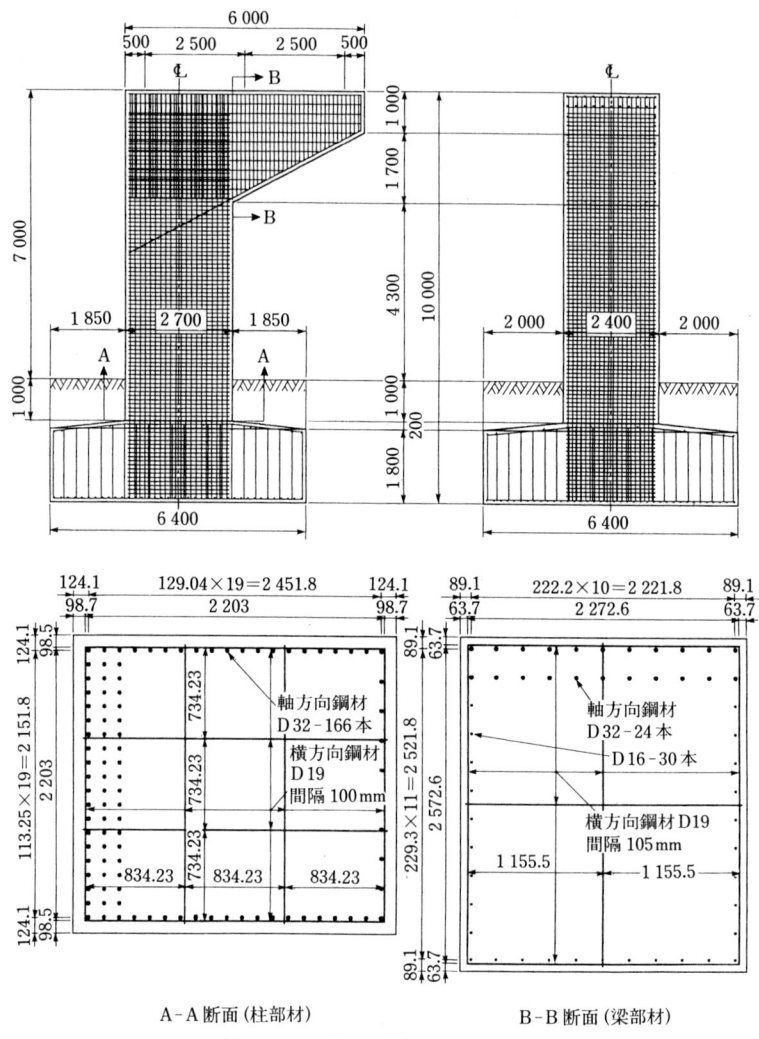

図 4.2.24 逆 L 形橋脚の一般配筋図

最終的に，逆 L 形橋脚の配筋図を図 4.2.24 に示す．

4.2.7 組合せ力を考慮した設計と組合せ力を考慮しない設計の比較

ここで，比較検討を述べる前に，各々の設計方法として以下のように定義する．
①累加設計法：個々のモーメントおよび力の影響を単独で算定し，それらを加え合わせて構造物あるいは構造部材を設計．
②組合せ力設計法：組合せの相関関係式の理論を用いて設計．

累加設計法

$$\left\{\begin{array}{l}\text{柱部材}\\\quad\text{軸方向鋼材：119 本-D32，せん断補強鋼材：D19-150 mm 間隔}\\\quad\text{ねじり補強鋼材：D19-190 mm 間隔}\\\text{梁部材}\\\quad\text{軸方向鋼材：22 本-D32，30 本-D16，せん断補強鋼材：D19-105 mm 間隔}\end{array}\right.$$

組合せ力設計法

$$\left\{\begin{array}{l}\text{柱部材}\\\quad\text{軸方向鋼材：102 本-D32，横方向補強鋼材：D19-100 mm 間隔}\\\text{梁部材}\\\quad\text{軸方向鋼材：22 本-D32，30 本-D16，横方向補強鋼材：D19-105 mm 間隔}\end{array}\right.$$

横方向鋼材の比較については，わかりやすく示すために 1 m 当たりの横方向鋼材の本数および軸方向鋼材の本数を表 **4.2.14** に示す．

表 4.2.14　1 m 当たりの横方向鋼材の本数および軸方向鋼材の本数

	組合せ力設計法	累加設計法
柱部材（A〜A 断面）		
横方向鋼材	10 本-D19	11 本-D19
軸方向鋼材	102 本-D32	119 本-D32
梁部材（B〜B 断面）		
横方向鋼材	9 本-D19	9 本-D19
軸方向鋼材	22 本-D32, 30 本-D16	22 本-D32, 30 本-D16

柱部材の組合せ力設計法を累加設計法と比較すると軸方向鋼材量が約 14% 少なくなる．横方向鋼材量の場合でも 1 m 当たり約 9% 少なくなる．また梁部材の組合せ力設計法を累加設計法と比較すると，鋼材量に変化はなかった．

橋脚の柱部材および梁部材に対する全鋼材量では約 12% 少なくなる．

4.3 ラーメン橋脚の設計

不静定構造の設計例としては図 4.3.1 に示すラーメン型形式のもので検討する．この形式は高架橋の下部構造として代表的なものであり，多くの構造物に適用されてきている．地震時に柱部材では，組合せ力が作用するものである．ひび割れ発生後において部材の剛性低下による荷重あるいはモーメントの再分配を考慮して設計を行う必要がある．

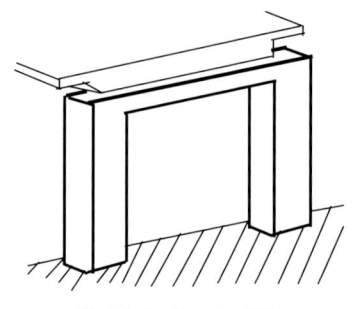

図 4.3.1 ラーメン橋脚

4.3.1 ラーメン橋脚の設計条件および使用材料

- 下部構造形式　橋脚：鉄筋コンクリートラーメン型橋脚，基礎：直接基礎
- 上部構造形式　単純非合成桁　支間 32.40 m（参考文献 10）参照）
- 使用材料　コンクリート：$\sigma_{ck} = 24\,\text{N/mm}^2$
  　　　　　鋼　　材：SD295（施工性から D32 以下のものとする）
- 橋の重要度の区分および地域区分：B 種の橋，A 地域
- 地盤条件　耐震設計上の地盤種別：I 種地盤，支持層：洪積層砂地盤（$N \geqq 50$）
- 温度変化および乾燥収縮：温度上昇 13°C，温度降下 26°C
  　　　　　　　　　　　（線膨張係数：1.0×10^{-5}）
- ひび割れ発生による剛性低下
  　震度法の場合：全部材をひび割れ発生前とし，剛性低下を無視する．
  　地震時保有水平耐力法の場合：全部材をひび割れ発生後とし，剛性低下を考慮する．
- 動的解析　直接積分法による非線形時刻歴応答解析（レベル 2 地震動）
- レベル 2 地震動の地震波　東神戸大橋周辺地盤上の地震波（タイプ II）
- 組合せ力の検討
  　柱基部（A〜A 断面）
  　　橋軸方向：二軸曲げモーメント，二軸せん断力およびねじりモーメントの検討
  　　橋軸直角方向：曲げモーメント，せん断力の検討
  　梁隅部（B〜B 断面）

橋軸方向：二軸曲げモーメント，二軸せん断力の検討
橋軸直角方向：曲げモーメント，せん断力の検討
・構造細目　最小鋼材量：柱部材のように軸方向力を受ける場合は $0.008A_c$，
　　　　　　　　　　　梁部材のように曲げモーメントの影響が支配的の場合は $0.002A_c$

4.3.2　ラーメン橋脚の形状寸法

　ラーメン型橋脚の形状寸法を図 **4.3.2** に示す．この構造に対して震度法による検討結果，橋脚の安定計算，変位量の計算は常時および地震時において安全性を

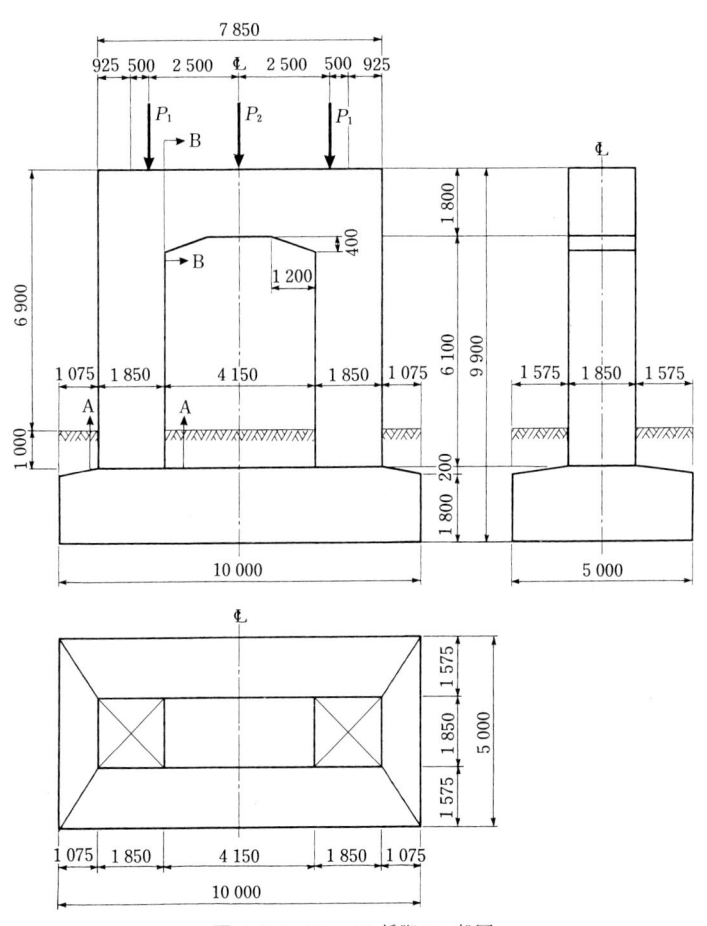

図 **4.3.2**　ラーメン橋脚の一般図

4.3.3 常時および震度法による地震荷重作用時における載荷状態および断面力

ラーメン構造の節点番号は，図 4.3.3 に示す．節点における断面力の算定を行う．地震荷重作用時の検討する断面を図 4.3.4 に示す．地震荷重作用時の断面力の算定は，震度法による設計水平震度 0.2 を用いる．各々の載荷状態は図 4.3.5 に示すように水平方向 2 方向の慣性力を独立に橋に作用させて検討を行う．橋軸直角方向に対して，図 4.3.5 (a) に示すように上部構造による水平力の作用位置は，上部構造の重心と規定されているので偶力が生じる．

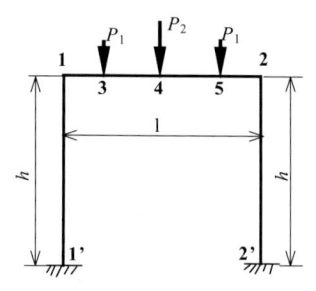

図 4.3.3 骨組と節点番号

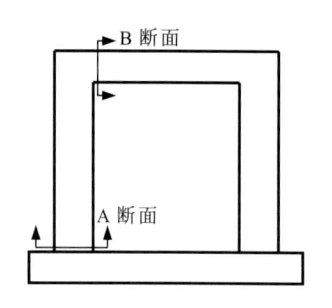

図 4.3.4 断面力を算定する断面

図 4.3.5 載荷状態
(a) 橋軸直角方向　(b) 橋軸方向

ラーメン橋の解析は，構造に対する温度変化，乾燥収縮および偶力を考慮しなければならない．また断面力の算出にあたってハンチがある場合は，剛域の影響を考慮して解析するが，剛域を無視して解析を行う．最終的な断面力の算出は，図 4.3.6 のように定義する．第 3 章の 3.2 節の解析理論を使用して，常時の断面力を表 4.3.1 に示す．

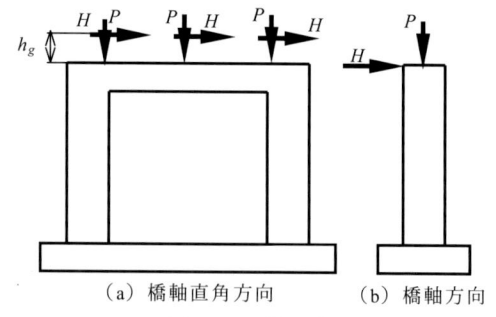

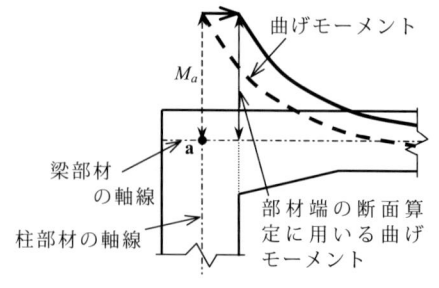

図 4.3.6 ハンチの影響を無視して構造解析をした場合の曲げモーメント

表 4.3.1 常時の節点に作用する断面力の算定

節点	単位	常時	温度変化および乾燥収縮の影響		合計
			温度上昇 (+13°C)	温度降下 (−26°C)	
$M_{1'1}$	kN·m	587	786	−1573	1373
$M_{11'}$	kN·m	−1173	−407	815	−1580
M_{12}	kN·m	−1173	−407	815	−1580
M_{21}	kN·m	−1173	−407	815	−1580
$M_{22'}$	kN·m	−1173	−407	815	−1580
$M_{2'2}$	kN·m	587	786	−1573	1373
M_3	kN·m	−13	−407	815	802
M_4	kN·m	1677	−407	815	2492
M_5	kN·m	−13	−407	815	802
$V_{1'1}$	kN	−251	−171	341	−422
$V_{11'}$	kN	−251	−171	341	−422
V_{13}	kN	2341	0	0	2341
V_{31}	kN	2301	0	0	2301
V_{34}	kN	778	0	0	778
V_{43}	kN	574	0	0	574
$V_{45'}$	kN	−574	0	0	−574
V_{54}	kN	−778	0	0	−778
V_{52}	kN	−2301	0	0	−2301
V_{25}	kN	−2341	0	0	−2341
$V_{22'}$	kN	251	171	−341	422
$V_{2'2}$	kN	251	171	−341	422
$N_{1'1}$	kN	2341	0	0	2341
$N_{11'}$	kN	2928	0	0	2928
N_{12}	kN	−251	−171	341	−422
N_{21}	kN	251	171	−341	422
$N_{22'}$	kN	2341	0	0	2341
$N_{2'2}$	kN	2928	0	0	2928

ラーメン橋脚を骨組構造モデルとし，常時に作用する断面力の分布を図 **4.3.7** に示す．

次に，震度法による地震荷重時における断面力の算定を表 **4.3.2** に示す．

ラーメン橋脚を骨組構造モデルとし，地震荷重作用時に作用する断面力の分布を図 **4.3.8** に示す．

表 4.3.2 地震荷重作用時の節点に作用する断面力の算定

節点	単位	橋軸直角方向				節点	単位	橋軸方向	
		水平+鉛直	温度変化	偶力	最大			水平	最大
$M_{1'1}$	kN·m	−1 274	786	−18	−2 865	$M_{1'1}$	kN·m	2 841	2 841
		1 949	−1 573	18				−2 841	
$M_{11'}$		350	−407	−18	−2 499	$M_{11'}$		0	0
		−2 110	815	18				0	
M_{12}		350	−407	−18	−2 499	M_{12}		−58	−58
		−2 110	815	18				58	
M_{21}		−2 110	−407	18	−2 499	M_{21}		−58	−58
		350	815	−18				58	
$M_{22'}$		−2 110	−407	18	−2 499	$M_{22'}$		0	0
		350	815	−18				0	
$M_{2'2}$		1 949	786	18	−2 865	$M_{2'2}$		2 841	2 841
		−1 274	−1 573	−18				−2 841	
M_3		1 003	−407	−132	2 153	M_3		55	55
		−1 047	815	335				−55	
M_4		1 163	−407	−234	2 212	M_4		292	292
		1 163	815	234				−292	
M_5		−1 047	−407	−335	1 950	M_5		55	55
		1 003	815	132				−55	
$V_{1'1}$		291	−171	0	−809	$V_{1'1}$		465	465
		−639	341	0				−465	
$V_{11'}$		173	−171	0	−692	$V_{11'}$		347	347
		−521	341	0				−347	
V_{13}		1 326	0	−228	2 374	V_{13}		347	347
		2 146	0	228				−347	
V_{31}		1 285	0	−228	2 333	V_{31}		339	339
		2 105	0	228				−339	
V_{34}		166	0	−228	1 214	V_{34}		115	115
		986	0	228				−115	
V_{43}		−38	0	−228	1 010	V_{43}	kN	74	74
		782	0	228				−74	
V_{45}		−782	0	−228	−1 010	V_{45}		−74	−74
		38	0	228				74	
V_{54}		−986	0	−228	−1 214	V_{54}		−115	−115
		−166	0	228				115	
V_{52}	kN	−2 105	0	−228	−2 333	V_{52}		−339	−339
		−1 285	0	228				339	
V_{25}		−2 146	0	−228	−2 374	V_{25}		−347	−347
		−1 326	0	228				347	
$V_{22'}$		521	171	0	692	$V_{22'}$		347	347
		−173	−341	0				−347	
$V_{2'2}$		639	171	0	809	$V_{2'2}$		465	465
		−291	−341	0				−465	
$N_{1'1}$		1 913	0	−228	2 961	M_{t12}		0	0
		2 733	0	228				0	
$N_{11'}$		1 326	0	−228	2 374	$M_{t11'}$	kN·m	58	58
		2 146	0	228				−58	
N_{12}		173	−171	0	−692	$M_{t22'}$		−58	−58
		−521	341	0				58	
N_{21}		521	171	0	692				
		−173	−341	0					
$N_{22'}$		2 146	0	228	2 374				
		1 326	0	−228					
$N_{2'2}$		2 733	0	228	2 961				
		1 913	0	−228					

4.3 ラーメン橋脚の設計 / 83

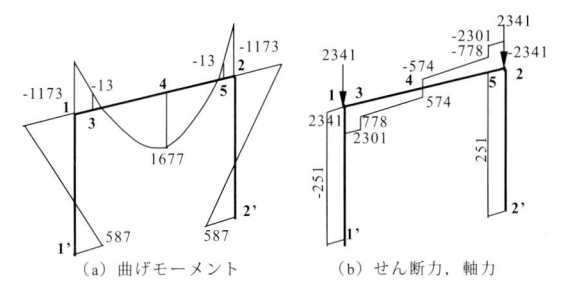

(a) 曲げモーメント　　(b) せん断力，軸力

図 4.3.7 常時によるモーメント，力（単位：kN·m）

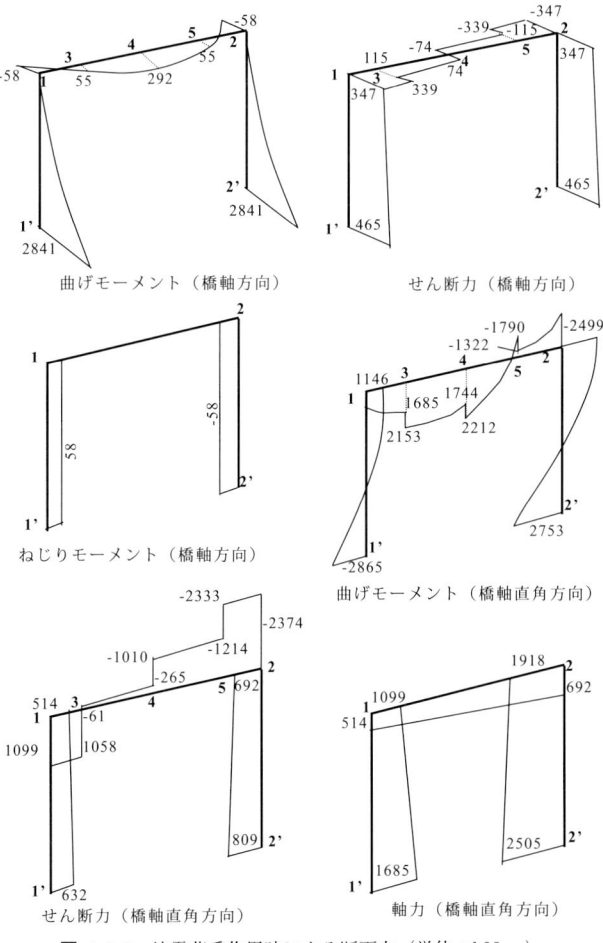

曲げモーメント（橋軸方向）　　せん断力（橋軸方向）

ねじりモーメント（橋軸方向）　　曲げモーメント（橋軸直角方向）

せん断力（橋軸直角方向）　　軸力（橋軸直角方向）

図 4.3.8 地震荷重作用時による断面力（単位：kN·m）

4.3.4 常時および震度法による地震荷重作用時に対する許容応力度の検討

ここでは，柱部材基部（A～A 断面）および梁部材隅部（B～B 断面）の応力度と許容値の検討を行う．各々の部材の配筋については図 **4.3.9**，図 **4.3.10** に示す．

図 **4.3.9** の配筋図で，柱部材基部（A～A 断面）の曲げ応力度を表 **4.3.3**，せん断応力度を表 **4.3.4** に示す．

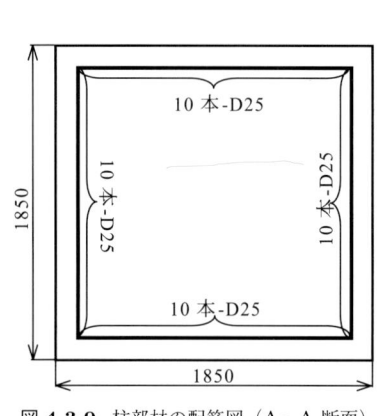

図 **4.3.9** 柱部材の配筋図（A～A 断面） 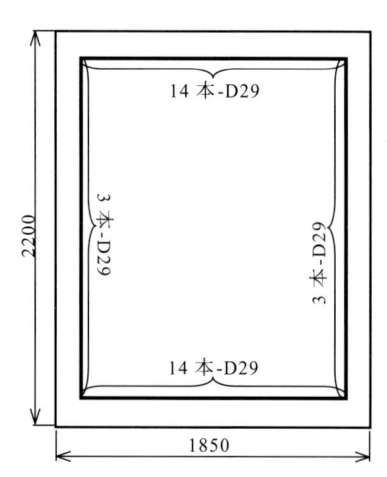　　図 **4.3.10** 梁部材の配筋図（B～B 断面）

表 **4.3.3** 柱部材基部の曲げ応力度

荷重状態			常時	地震荷重作用時	
				橋軸	橋軸直角
断面力	M	kN·m	1 373	2 961	2 961
	N	kN	2 983	2 841	2 865
部材寸法	b	cm	185	185	185
	h	cm	185	185	185
	d_2 (上)	cm	9.9	9.9	9.9
	d_1 (下)	cm	9.9	9.9	9.9
上側鋼材量	A'_s (上)	cm^2	D25-10 50.67	D25-10 50.67	D25-10 50.67
下側鋼材量	A_s (下)	cm^2	D25-10 50.67	D25-10 50.67	D25-10 50.67
曲げ応力度	σ_c	N/mm^2	2.1	4.7	4.8
	σ'_s	N/mm^2	29	61	62
	σ_s	N/mm^2	6.0	101	101
許容応力度 （検討）	σ_{ca}	N/mm^2	8 (OK)	12.0 (OK)	12.0 (OK)
	σ'_{sa}	N/mm^2	180 (OK)	270 (OK)	270 (OK)
	σ_{sa}	N/mm^2	180 (OK)	270 (OK)	270 (OK)

4.3 ラーメン橋脚の設計 / 85

表 4.3.4 柱部材基部の許容せん断応力度

荷重状態			常時	地震荷重作用時	
				橋軸	橋軸直角
断面力	V	kN	422	475	823
部材寸法	b	cm	185	185	185
	h	cm	185	185	185
	d	cm	175.1	175.1	175.1
軸方向引張鋼材比	p_s	%	0.2	0.2	0.2
平均せん断応力度	τ_m	N/mm^2	0.172	0.152	0.264
許容せん断応力度（検討）	τ_{a1}	N/mm^2	0.22 (OK)	0.22 (OK)	0.22 (NO)
	τ_{a2}	N/mm^2	1.6 (OK)	1.6 (OK)	1.6 (OK)

また柱部材頭部の許容値の検討に対しては，図 4.3.9 を用いて試算したところ許容応力度内の範囲である．図 4.3.10 の配筋図で，梁部材隅部（B～B 断面）の曲げ応力度を表 4.3.5，せん断応力度を表 4.3.6 に示す．

表 4.3.5 梁部材隅部の許容曲げ応力度

荷重状態			常時	地震荷重作用時	
				橋軸	橋軸直角
断面力	M	kN·m	1 581	58	2 490
	N	kN	−422	1 090	1 090
部材寸法	b	cm	185	240	185
	h	cm	240	185	240
	d_2 (上)	cm	10.0	10.0	10.0
	d_1 (下)	cm	10.0	10.0	10.0
上側鋼材量	A'_s (上)	cm^2	D29-14 89.93	D29-3 19.27	D29-14 89.93
下側鋼材量	A_s (下)	cm^2	D29-14 89.93	D29-3 19.27	D29-14 89.93
曲げ応力度	σ_c	N/mm^2	1.4	0.2	2.3
	σ'_s	N/mm^2	18	2	28
	σ_s	N/mm^2	15	3	24
許容応力度（検討）	σ_{ca}	N/mm^2	8 (OK)	12.0 (OK)	12.0 (OK)
	σ'_{sa}	N/mm^2	180 (OK)	270 (OK)	270 (OK)
	σ_{sa}	N/mm^2	180 (OK)	270 (OK)	270 (OK)

また梁部材中央部の許容値の検討に対しては，図 4.3.10 を用いて試算したところ許容応力度内の範囲である．

表 4.3.6 梁部材隅部の許容せん断応力度

荷重状態			常時	地震荷重作用時	
				橋軸	橋軸直角
断面力	V	kN	2 341	347	2 374
部材寸法	b	cm	185	220	185
	h	cm	220	185	220
	d	cm	210	175	210
軸方向引張鋼材比	p_s	%	0.23	0.05	0.23
平均せん断応力度	τ_m	N/mm^2	0.504	0.213	0.510
許容せん断応力度（検討）	τ_{a1}	N/mm^2	0.22 (NO)	0.22 (OK)	0.22 (NO)
	τ_{a2}	N/mm^2	1.6 (OK)	1.6 (OK)	1.6 (OK)

4.3.5 地震時保有水平耐力法に対する終局荷重作用時における断面力

終局荷重作用時のモーメントおよび力の算定は，静定解析による場合にタイプⅡの設計水平震度 0.6 を用いる．また第 3 章で述べたように断面力の算定は，剛性低下を考慮して再計算をしなければならない．設計条件より全部材にひび割れが生じているとする．

地震時保有水平耐力法に従って橋脚躯体の試算を数回繰り返し，最終断面として図 4.3.11，図 4.3.12 となった．図 4.3.11，図 4.3.12 を用いて曲げ剛性低下を算出する．よって，表 4.3.7 に各部材による剛性低下を示す．

表 4.3.7 の剛性低下を用いて，静的解析による断面力を再算定する．その結果を表 4.3.8 に示す．

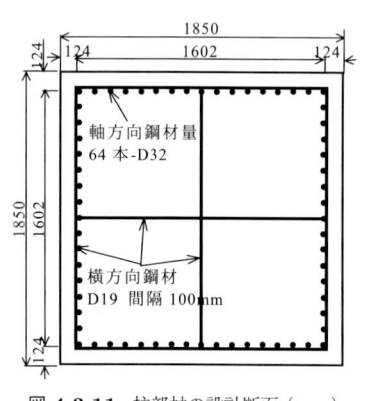

図 4.3.11 柱部材の設計断面 (mm)
(A～A 断面)

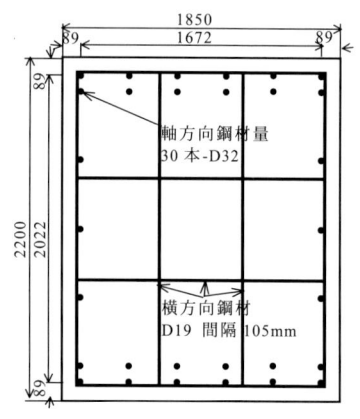

図 4.3.12 梁部材の設計断面 (mm)
(B～B 断面)

表 4.3.7 各部材による剛性低下

		11' 部材	12 部材	22' 部材
曲げ剛性低下	橋軸方向	0.389	0.239	0.389
	橋軸直角方向	0.389	0.277	0.389
ねじり剛性低下		0.1	0.1	0.1

曲げモーメント（橋軸方向）

せん断力（橋軸方向）

ねじりモーメント（橋軸方向）

曲げモーメント（橋軸直角方向）

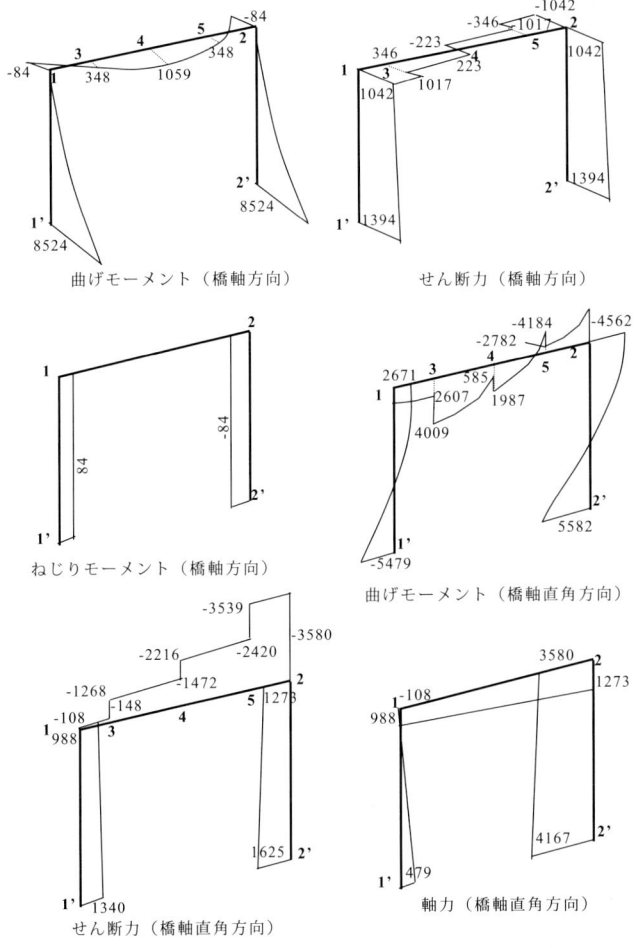

せん断力（橋軸直角方向）

軸力（橋軸直角方向）

図 4.3.13 ラーメン型橋脚による断面力（単位：kN·m）

　ラーメン橋脚を骨組構造モデルとし，終局荷重作用時に作用する断面力の分布を図 4.3.13 に示す．

表 4.3.8 終局荷重作用時の節点に作用する断面力の算定

節点	単位	橋軸直角方向 水平+鉛直	温度変化	偶力	最大	節点	単位	橋軸方向 水平	最大
$M_{1'1}$	kN·m	−4 827	289	−73	5 582	$M_{1'1}$	kN·m	8 524	8 524
		5 219	−579	73				−8 524	
$M_{11'}$		2 493	−126	−73	4 562	$M_{11'}$		0	0
		−4 509	251	73				0	
M_{12}		2 493	−126	−73	4 562	M_{12}		−84	84
		−4 509	251	73				84	
M_{21}		−4 509	−126	73	4 562	M_{21}		−84	84
		2 493	251	−73				84	
$M_{22'}$		−4 509	−126	73	4 562	$M_{22'}$		0	0
		2 493	251	−73				0	
$M_{2'2}$		5 219	289	73	5 582	$M_{2'2}$		8 524	8 524
		−4 827	−579	−73				−8 524	
M_3		2 767	−126	−411	4 009	M_3		348	348
		−3 068	251	991				−348	
M_4		1 035	−126	−701	1 987	M_4		1 059	1 059
		1 035	251	701				0	
M_5		−3 068	−126	−991	3 430	M_5		348	348
		2 767	251	411				0	
$V_{1'1}$	kN	1 222	−59	0	1 625	$V_{1'1}$	kN	1 394	1 394
		−1 566	119	0				−1 394	
$V_{11'}$		870	−59	0	1 273	$V_{11'}$		1 042	1 042
		−1 214	119	0				−1 042	
V_{13}		569	0	−677	3 580	V_{13}		1 042	1 042
		2 903	0	677				−1 042	
V_{31}		528	0	−677	3 539	V_{31}		1 017	1 017
		2 862	0	677				−1 017	
V_{34}		−591	0	−677	2 420	V_{34}		346	346
		1 743	0	677				−346	
V_{43}		−795	0	−677	2 216	V_{43}		223	223
		1 539	0	677				−223	
V_{45}		−1 539	0	−677	2 216	V_{45}		−223	223
		795	0	677				223	
V_{54}		−1 743	0	−677	2 420	V_{54}		−346	346
		591	0	677				346	
V_{52}		−2 862	0	−677	3 539	V_{52}		−1 017	1 017
		−528	0	677				1 017	
V_{25}		−2 903	0	−677	3 580	V_{25}		−1 042	1 042
		−569	0	677				1 042	
$V_{22'}$		1 214	59	0	1 273	$V_{22'}$		1 042	1 042
		−870	−119	0				−1 042	
$V_{2'2}$		1 566	59	0	1 625	$V_{2'2}$		1 394	1 394
		−1 222	−119	0				−1 394	
$N_{1'1}$		1 156	0	−677	4 167	M_{t12}	kN·m	0	0
		3 490	0	677				0	
$N_{11'}$		569	0	−677	3 580	M'_{t11}		84	84
		2 903	0	677				−84	
N_{12}		870	−59	0	1 273	$M_{t22'}$		−84	84
		−1 214	119	0				84	
N_{21}		1 214	59	0	1 273				
		−870	−119	0					
$N_{22'}$		2 903	0	677	3 580				
		569	0	−677					
$N_{2'2}$		3 490	0	677	4 167				
		1 156	0	−677					

図 **4.3.11** の柱部材の配筋図を用いて，道路橋示方書に規定されている曲げモーメント–曲率の関係を表 **4.3.9** に示す．

静的解析による橋脚の水平耐力の照査および残留変位の照査を表 **4.3.10** に示す．

以上で静的解析の照査が終了したので，次に動的解析を行う．動的解析に用いるモデル図を図 **4.3.14** に示す．終局荷重時の断面力の算定では，直接積分法による線形時刻歴応答解析を用いる．終局荷重時の最大変位の検討として，直接積

表 **4.3.9** 曲げモーメント–曲率の関係（柱部材の基部）

	橋軸方向		橋軸直角方向	
	曲げモーメント(kN·m)	曲率(1/m)	曲げモーメント(kN·m)	曲率(1/m)
ひび割れ時	2 469	1.02×10^{-4}	3 021	1.25×10^{-4}
初降伏時	10 035	1.08×10^{-3}	11 431	1.11×10^{-3}
終局時（タイプII）	12 206	3.62×10^{-2}	11 431	3.02×10^{-2}

表 **4.3.10** 橋脚躯体の安全性の判定

タイプ II の地震動				
			橋軸方向	橋軸直角方向
$k_{he}\times W$		kN	1 144	846
地震時保有水平耐力 (P_a)		kN	1 545	1 222
判定			$P_a \geq k_{he}W$ OK	$P_a \geq k_{he}W$ OK
残留変位 (δ_R)		m	0.019	0.022
許容残留変位 (δ_{Ra})		m	0.079	0.0935
判定			$\delta_{Ra} \geq \delta_R$ OK	$\delta_{Ra} \geq \delta_R$ OK

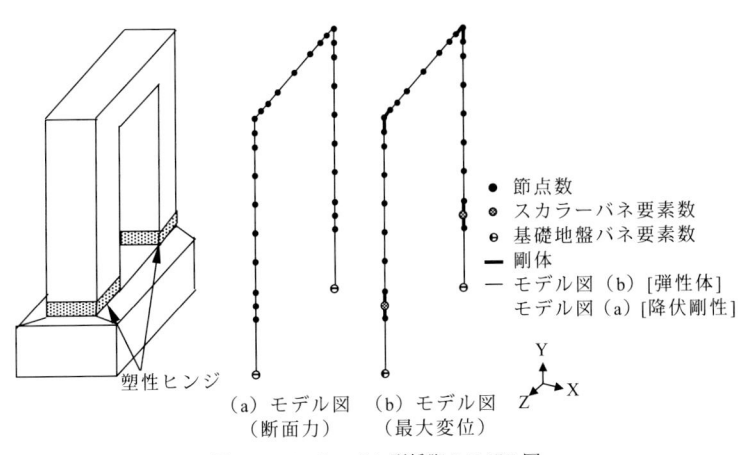

- ● 節点数
- ⊗ スカラーバネ要素数
- ⊙ 基礎地盤バネ要素数
- ━ 剛体
- ━ モデル図（b）[弾性体]
- モデル図（a）[降伏剛性]

塑性ヒンジ

(a) モデル図（断面力）　(b) モデル図（最大変位）

図 **4.3.14** ラーメン型橋脚のモデル図

表 4.3.11 バネ要素の物性値

橋軸方向			
基礎地盤バネ		スカラーバネ	
基礎の x 軸方向のバネ定数 K_x (kN/m)	1.68×10^6	スカラーバネの z 軸方向のバネ定数 $K_{\theta z}$ (kN·m/rad)	9.96×10^6
基礎の y 軸方向のバネ定数 K_y (kN/m)	5.05×10^6	基礎の x 軸方向のバネ定数 K_x (kN/m)	1.00×10^9
基礎の z 軸回りの回転バネ定数 $K_{\theta z}$ (kN·m/rad)	5.26×10^6	基礎の y 軸方向のバネ定数 K_y (kN/m)	1.00×10^9
橋軸直角方向			
基礎地盤バネ		スカラーバネ	
基礎の z 軸方向のバネ定数 K_z (kN/m)	1.68×10^6	スカラーバネの x 軸方向のバネ定数 $K_{\theta x}$ (kN·m/rad)	9.73×10^6
基礎の x 軸回りの回転バネ定数 $K_{\theta x}$ (kN·m/rad)	2.10×10^7	基礎の z 軸方向のバネ定数 K_z (kN/m)	1.00×10^9
基礎の y 軸回りの回転バネ定数 $K_{\theta y}$ (kN·m/rad)	1.00×10^{10}	基礎の y 軸方向のバネ定数 K_y (kN/m)	1.00×10^9

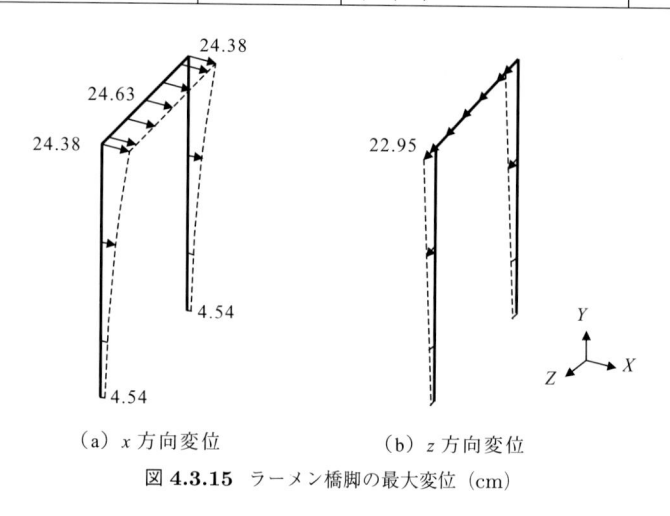

(a) x 方向変位 (b) z 方向変位

図 4.3.15 ラーメン橋脚の最大変位 (cm)

分法による非線形時刻歴応答解析を用いる．動的解析に用いるバネ要素の物性値を表 4.3.11 に示す．

地震動を独立に作用させた場合にレベル 2 地震動のタイプ II の動的解析において試算した結果，最大変位を図 4.3.15 に，断面力を図 4.3.16 に示す．

またラーメン橋脚の最大変位に関する y 方向の変位については，微小に変位する程度である．

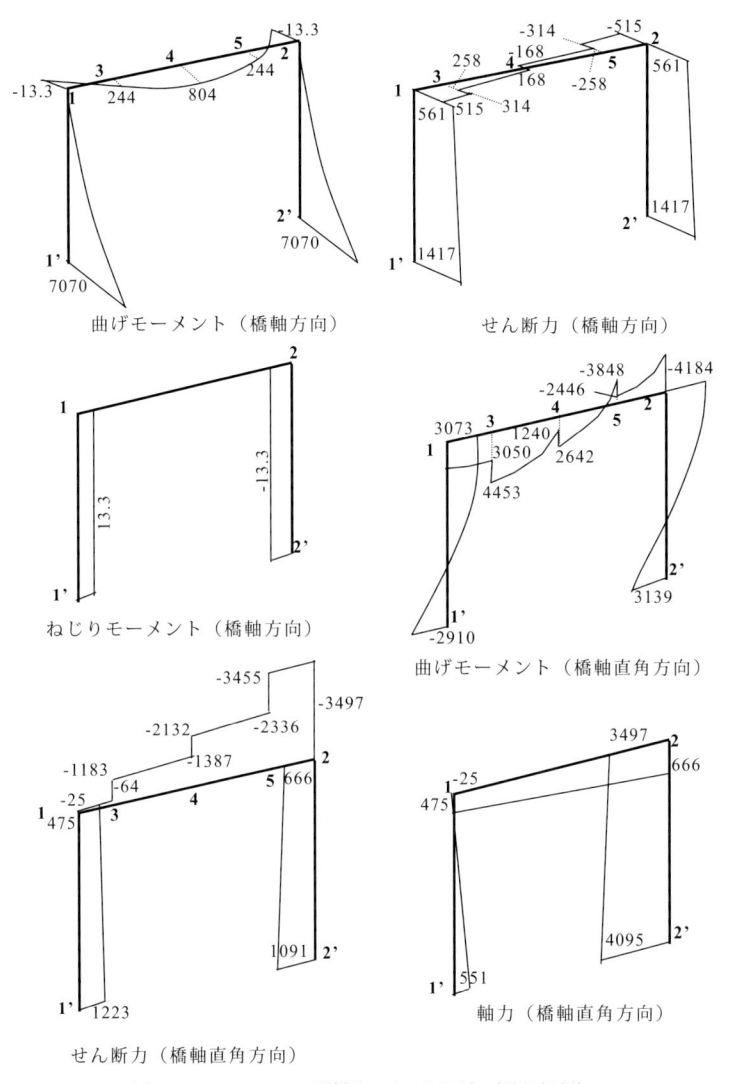

図 4.3.16 ラーメン型橋脚による断面力（動的解析）

ここで，ラーメン橋脚の断面力の算定結果に関して，静的解析と動的解析の比較検討を**表 4.3.12**に示す．

次に終局時荷重作用時に対する組合せの検討に進む．組合せ力の検討に用いる断面力は，逆L形橋脚と同様に静的解析を使用する．

表 4.3.12 動的解析と静的解析の断面力の比較 (kN·m)

節点	単位	橋軸直角方向			節点	単位	橋軸方向		
		静的解析	動的解析	動 > 静			静的解析	動的解析	動 > 静
$M_{1'1}$	kN·m	-5479	-2910	×	$M_{1'1}$	kN·m	8524	7070	×
$M_{11'}$		2671	3073	○	$M_{11'}$		0	0	−
M_{12}		2671	3073	○	M_{12}		-84	-13	×
M_{21}		-4562	-4184	×	M_{21}		-84	-13	×
$M_{22'}$		-4562	-4184	×	$M_{22'}$		0	0	−
$M_{2'2}$		5582	3139	×	$M_{2'2}$		8524	7070	×
M_3		4009	4453	○	M_3		348	244	×
M_4		1987	2642	○	M_4		1059	804	×
M_5		-4184	-3848	×	M_5		348	244	×
$V_{1'1}$	kN	1340	1223	×	$V_{1'1}$	kN	1394	1417	○
$V_{11'}$		988	475	×	$V_{11'}$		1042	561	×
V_{13}		-108	-25	×	V_{13}		1042	515	×
V_{31}		-148	-64	×	V_{31}		1017	314	×
V_{34}		-1268	-1183	×	V_{34}		346	258	×
V_{43}		-1472	-1387	×	V_{43}		223	168	×
V_{45}		-2216	-2132	×	V_{45}		-223	-168	×
V_{54}		-2420	-2336	×	V_{54}		-346	-258	×
V_{52}		-3539	-3455	×	V_{52}		-1017	-314	×
V_{25}		-3580	-3497	×	V_{25}		-1042	-515	×
$V_{22'}$		1273	666	×	$V_{22'}$		1042	561	×
$V_{2'2}$		1625	1091	×	$V_{2'2}$		1394	1417	○
$N_{1'1}$		479	551	○	M_{t12}	kN·m	0	0	−
$N_{11'}$		-108	-25	×	$M_{t11'}$		84	13	×
N_{12}		988	475	×	$M_{t22'}$		-84	-13	×
N_{21}		1273	666	×					
$N_{22'}$		3580	3497	×					
$N_{2'2}$		4167	4095	×					

4.3.6 終局荷重時の検討

(1) 柱基部の橋軸方向に対する検討

a. 二軸に対する検討

1) 二軸曲げモーメントの部材設計の検討

二軸曲げモーメントの検討として,図 4.3.13 により軸力 4 167 kN が柱部材に作用している.軸耐力 N_{ud} は,

$N_{ud} = 0.85 \times (24/1.3) \times 1\,850 \times 1\,850 + 295 \times 64 \times 794.2 = 68\,700\,\text{kN}$

$\dfrac{N}{N_{ud}} = \dfrac{4\,167}{68\,700} = 0.06$ より，$\alpha_n = 1.0$ となる．次に，図 **4.3.11** の配筋図を用いて，M_{ux}（鉛直荷重），M_{uy}（水平荷重：橋軸方向）の耐力を算定し，二軸曲げの安全性を検討する．曲げ耐力の計算結果を**表 4.3.13** に示す．

表 **4.3.13**　二軸曲げの検討

荷重＼断面力	設計曲げモーメント（kN·m）	設計曲げ耐力（kN·m）
鉛直荷重	765	12 180
水平荷重（橋軸方向）	8 524	12 180

二軸曲げモーメントの検討は，

$$\left(\dfrac{M_x}{M_{ux}}\right)^\alpha + \left(\dfrac{M_y}{M_{uy}}\right)^\alpha = \left(\dfrac{765}{12\,180}\right)^1 + \left(\dfrac{8\,524}{12\,180}\right)^1 = 0.763 < 1.0 = \text{OK}$$

よって，二軸曲げの検討結果，この柱部材は橋軸方向に関して安全である．

2）二軸せん断の検討

図 **4.3.11** の配筋図を用いて，V_{ux}（鉛直荷重），V_{uy}（水平荷重：橋軸方向）の耐力を算定し，二軸せん断の安全性を検討する．せん断耐力の計算結果を**表 4.3.14** に示す．

表 **4.3.14**　二軸せん断の検討

荷重＼断面力	設計せん断力（kN）	設計せん断耐力（kN）
鉛直荷重	263	2 906
水平荷重（橋軸方向）	1 394	2 906

二軸せん断力の検討は，

$$\left(\dfrac{V_x}{V_{ux}}\right)^2 + \left(\dfrac{V_y}{V_{uy}}\right)^2 = \left(\dfrac{263}{2\,906}\right)^2 + \left(\dfrac{1\,394}{2\,906}\right)^2 = 0.238 < 1.0 = \text{OK}$$

よって，二軸せん断の検討結果，この柱部材は橋軸方向に関して安全である．

b. 断面耐力の算定

1）二軸曲げ耐力の算定（M_{ud}）

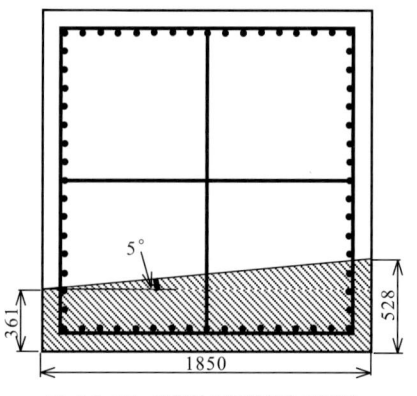

図 **4.3.17** 柱部材の圧縮域と引張域

設計二軸曲げモーメントを考慮しながら二軸曲げ耐力を算出する．そこで，設計二軸曲げモーメントは次式で求まる．

$$M_d = \sqrt{M_x^2 + M_y^2} = \sqrt{765^2 + 8524^2} = 8559\,\mathrm{kN \cdot m}$$

そこで，二軸曲げに対する主軸の傾きは次式により求まる．

$$\beta = \arctan\left(\frac{M_x}{M_y}\right) = \arctan\left(\frac{765}{8524}\right) = 5°$$

主軸の傾きを考慮して圧縮域と引張域を図に示すと，図 **4.3.17** となる．ここで，斜線部分は圧縮力を受ける部分である．

引張側に配置された主鋼材を引張鋼材とした場合の設計曲げ耐力 M_{ud} を考える際に，図 **4.3.17** のように常に引張側に配置された主鋼材本数は，D32-42 本となる．

中立軸を $x = 525.363\,\mathrm{mm}$ とするとコンクリート圧縮合力と作用点および鋼材の引張合力と作用点は以下のようになる．また，軸力は影響が小さいために無視する．

・コンクリート圧縮合力 (C_c')：$9\,840\,\mathrm{kN}$，コンクリート圧縮の作用点 (a_1)：$0.277\,\mathrm{m}$

・鋼材の引張合力 (T_s)：$9\,840\,\mathrm{kN}$，引張合力の重心 (a_3)：$0.877\,\mathrm{m}$

釣合い状態は，$0 = C_c' - T_s = 9\,840 - 9\,840$ より成り立つ．よって，終局曲げ耐力 (M_{ud}) は，

$$M_{ud} = T_s \times (a_3 + a_1)/\gamma_b = 9\,840 \times (0.277 + 0.877)/1.15 = 9\,875\,\mathrm{kN \cdot m}$$

2)二軸せん断耐力（V_{ud}）

設計二軸せん断力は次式で求まる．

$$V_d = \sqrt{V_x^2 + V_y^2} = \sqrt{263^2 + 1\,394^2} = 1\,418\,\text{kN}$$

図 **4.3.11** に示すように x 軸と y 軸に 3 本の横方向鋼材が配筋されている．二軸せん断耐力の計算において横方向補強鋼材として，3 本-D19 の区間 100 mm と仮定する．また，有効高さは $d = 525 + 877 = 1\,402\,\text{mm}$ である．z_{se} は，次式となる．

$$z_{se} = d/1.15 = 1\,402/1.15 = 1\,219\,\text{mm}$$

よって，せん断耐力 V_{ud} は，

$$V_{ud} = [A_w f_{wy}(\sin\alpha_{se} + \cos\alpha_{se})/s_s]z_{se}/\gamma_b$$
$$= [3 \times 286.5 \times 295 \times (\sin 90 + \cos 90) \times 1\,219]/(100 \times 1.15) = 2\,688\,\text{kN}$$

3）ねじり耐力（M_{tud}）

図 **4.3.11** より横方向鋼材の短辺および長辺が算出でき，以下のようになる．

$$b_v = 1\,653\,\text{mm}, \quad d_v = 1\,653\,\text{mm}$$

よってねじり耐力は，以下のようになる．

$$M_{tud} = 2A_m\sqrt{q_w q_l}/\gamma_b = 2 \times 2.73 \times 10^6 \sqrt{845 \times 1\,056}/1.3 = 3\,971\,\text{kN}\cdot\text{m}$$
$$A_m = b_v \times d_v = 1\,653 \times 1\,653 = 2\,731\,417\,\text{mm}^2$$
$$u_0 = 2(b_v + d_v) = 2 \times (1\,653 + 1\,653) = 6\,611\,\text{m}$$
$$q_w = 286.5 \times 295/100 = 845 \qquad 1.25 \times q_l = 2\,835 > 845\,\text{より}\,q_w = 845$$
$$q_l = 64 \times 794.2 \times 295/6\,611 = 2\,268$$
$$1.25 \times q_w = 1\,056 < 2\,268\,\text{より}\,q_l = 1\,056$$

c．組合せ力の検討

4.3.6 (1) b. で算定した終局耐力を用いて，第 2 章の組合せの検討を行う．地震時には，正負の曲げモーメントが作用するが，下側と上側に同等な配筋しているため第 2 破壊モードは検討を行わない．また以下の橋軸方向の検討は，同様である．次に常に圧縮側に配置された主鋼材本数は，D32-19 本とする．よって，降伏力比 R は，

$$R = \frac{F_{tly}}{F_{bly}} = \frac{4\,451}{9\,840} = 0.452$$

となる．Rを理論式に代入し，また各々の断面力および終局強度を代入すると，第1破壊モード　式 (2.37)

$$\frac{M}{M_{ud}} + \left(\frac{V}{V_{ud}}\right)^2 R + \left(\frac{M_t}{M_{tud}}\right)^2 R = \frac{8559}{9875} + \left(\frac{1418}{2688}\right)^2 \times 0.452 + \left(\frac{84}{3971}\right)^2 \times 0.452 = 0.992 \leqq 1.0$$

第3破壊モード　式 (2.46)

$$\left(\frac{V}{V_{ud}}\right)^2 + \left(\frac{M_t}{M_{tud}}\right)^2 + \frac{VM_t}{V_{ud}M_{tud}} 2\sqrt{\frac{2d_v}{u_0}} = \frac{1+R}{2R} = \left(\frac{1418}{2688}\right)^2 + \left(\frac{84}{3971}\right)^2 + \left(\frac{1418 \times 84}{2688 \times 3971}\right) \times \sqrt{\frac{8 \times 2503}{6611}} = 0.295 < 1.61$$

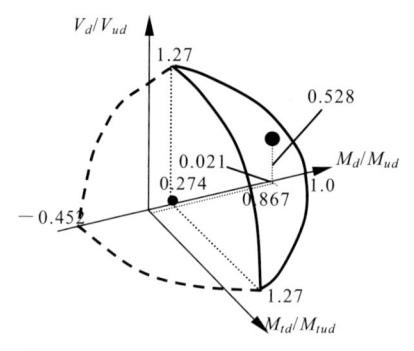

図 **4.3.18**　曲げ，せん断，ねじりの相関関係面（第1破壊モード）

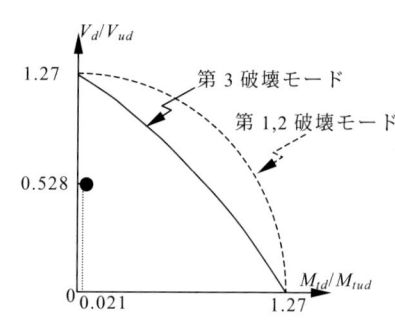

図 **4.3.19**　せん断，ねじりの相関関係面（第3破壊モード）

第1，第2破壊モードの相関関係面に，各々の断面力による相関関係を代入すると，図 **4.3.18** に示すように相関関係面内に存在している．次に第3破壊モードの相関関係面を考慮すると，図 **4.3.19** に示すように相関関係面内に存在している（注：図 **4.3.19** について $M_{td}/M_{tud} = 0$ の場合は，$(V_d/V_{ud})^2 = 1.61$ となる．二乗を解くと $V_d/V_{ud} = 1.27$ となる）．最終的に第1，第2破壊モードの相関関係面に，第3破壊モードの相関関係面を代入しても相関関係面内に存在している．よって，組合せ力の検討として，この柱基部は橋軸方向に関して安全である．

(2) 柱基部の橋軸直角方向に対する検討
a. 断面耐力の算定
1) 曲げ耐力の算定（M_{ud}）

設計曲げモーメントは，$M_d = 5582\,\mathrm{kN \cdot m}$である．圧縮域と引張域を図に示すと，図 **4.3.20** となる．ここで，斜線部分は圧縮力を受ける部分である．

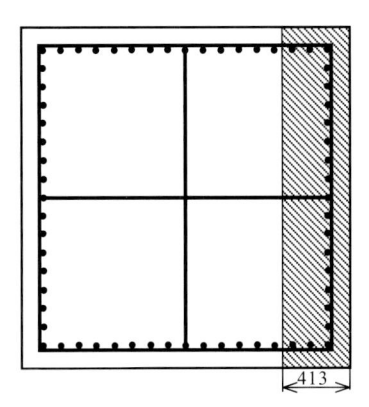

図 **4.3.20** 柱部材の圧縮域と引張域

引張側に配置された主鋼材を引張鋼材とした場合の設計曲げ耐力 M_{ud} を考える際に，図 **4.3.20** のように常に引張側に配置された主鋼材本数は，D32-41 本となる．

中立軸を $x = 413.606\,\mathrm{mm}$ とするとコンクリート圧縮合力と作用点および鋼材の引張合力と作用点は以下のようになる．また，軸力は影響が小さいために無視する．

- コンクリート圧縮合力（C'_c）：$9\,606\,\mathrm{kN}$，コンクリート圧縮の作用点（a_1）：$0.248\,\mathrm{m}$
- 鋼材の引張合力（T_s）：$9\,606\,\mathrm{kN}$，引張合力の重心（a_3）：$0.931\,\mathrm{m}$

釣合い状態は，$0 = C'_c - T_s = 9\,606 - 9\,606$ より成り立つ．よって，終局曲げ耐力（M_{ud}）は，

$$M_{ud} = T_s \times (a_3 + a_1)/\gamma_b = 9\,606 \times (0.248 + 0.931)/1.15 = 9\,853\,\mathrm{kN \cdot m}$$

2) せん断耐力（V_{ud}）

設計せん断力は，$V_d = 1\,625\,\mathrm{kN}$ である．図 **4.3.11** に示すように x 軸と y 軸に 3 本の横方向鋼材が配筋されている．せん断耐力の計算において横方向補強鋼材と

して，3本-D19 の区間 100 mm と仮定する．また，有効高さは $d = 414 + 931 = 1\,345$ mm である．z_{se} は次式となる．

$$z_{se} = d/1.15 = 1\,345/1.15 = 1\,170 \text{ mm}$$

よって，せん断耐力 V_{ud} は，

$$\begin{aligned}V_{ud} &= [A_w f_{wy}(\sin\alpha_{se} + \cos\alpha_{se})/s_s]z_{se}/\gamma_b \\ &= [3 \times 286.5 \times 295 \times (\sin 90 + \cos 90) \times 1\,170]/(100 \times 1.15) = 2\,579\,\text{kN}\end{aligned}$$

b. 組合せ力の検討

4.3.6 (2) a. で算定した終局耐力を用いて，第2章の組合せの検討を行う．地震時には，正負の曲げモーメントが作用するが，下側と上側に同等な配筋しているため第2破壊モードは検討を行わない．また以下の橋軸直角方向の検討は，同様である．次に常に圧縮側に配置された主鋼材本数は，D32-19本とする．よって，降伏力比 R は，

図 **4.3.21** 曲げ，せん断力の相関関係面

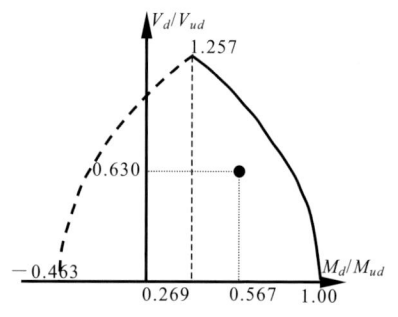

$$R = \frac{F_{tly}}{F_{bly}} = \frac{4\,451}{9\,606} = 0.463$$

となる．R を理論式に代入し，また各々の断面力および終局耐力を代入すると，

第1破壊モード　式 (2.7)

$$\frac{M}{M_{ud}} + \left(\frac{V}{V_{ud}}\right)^2 R = \frac{5\,582}{9\,853} + \left(\frac{1\,625}{2\,579}\right)^2 \times 0.463 = 0.751 \leqq 1.0$$

第1，第2破壊モードの相関関係面に，各々の断面力による相関関係を代入すると，図 **4.3.21** に示すように相関関係面内に存在している．よって，組合せ力の検討として，この柱基部の橋軸直角方向は安全である．

したがって，柱基部は安全である．

(3) 梁隅部の橋軸方向に対する検討

a. 二軸に対する検討

1) 二軸曲げモーメントの部材設計の検討

図 **4.3.12** の配筋図を用いて，M_{ux}（鉛直荷重），M_{uy}（水平荷重：橋軸方向）

の耐力を算定し，二軸曲げの安全性を検討する．曲げ耐力の計算結果を**表 4.3.15**に示す．

表 4.3.15 二軸曲げの検討

断面力 荷重	設計曲げモーメント (kN·m)	設計曲げ耐力 (kN·m)
鉛直荷重	1 077	6 208
水平荷重（橋軸方向）	84	3 040

二軸曲げモーメントの検討は，

$$\left(\frac{M_x}{M_{ux}}\right)^\alpha + \left(\frac{M_y}{M_{uy}}\right)^\alpha = \left(\frac{1\,077}{6\,208}\right)^1 + \left(\frac{84}{3\,040}\right)^1 = 0.201 < 1.0 = \text{OK}$$

よって，二軸曲げの検討結果，この梁部材は橋軸方向に関して安全である．

2) 二軸せん断の検討

図 4.3.12 の配筋図を用いて，V_{ux}（鉛直荷重），V_{uy}（水平荷重：橋軸方向）の耐力を算定し，二軸せん断の安全性を検討する．せん断耐力の計算結果を**表 4.3.16**に示す．

表 4.3.16 二軸せん断の検討

断面力 荷重	設計せん断力 (kN)	設計せん断耐力 (kN)
鉛直荷重	1 736	4 208
水平荷重（橋軸方向）	1 042	2 504

二軸せん断力の検討は，

$$\left(\frac{V_x}{V_{ux}}\right)^2 + \left(\frac{V_y}{V_{uy}}\right)^2 = \left(\frac{1\,736}{4\,208}\right)^2 + \left(\frac{1\,042}{2\,504}\right)^2 = 0.343 < 1.0 = \text{OK}$$

よって，二軸せん断の検討結果，この梁部材は橋軸方向に関して安全である．

b. 断面耐力の算定

1) 二軸曲げ耐力の算定（M_{ud}）

設計二軸曲げモーメントを考慮しながら二軸曲げ耐力を算出する．そこで，設計二軸曲げモーメントは次式で求まる．

$$M_d = \sqrt{M_x^2 + M_y^2} = \sqrt{1\,077^2 + 84^2} = 1\,080\,\text{kN·m}$$

次に，二軸曲げに対する主軸の傾きは次式により求まる．

$$\beta = \arctan\left(\frac{M_x}{M_y}\right) = \arctan\left(\frac{84}{1077}\right) = 4°$$

主軸の傾きを考慮して圧縮域と引張域を図に示すと，図 **4.3.22** となる．ここで，斜線部分は圧縮力を受ける部分である．

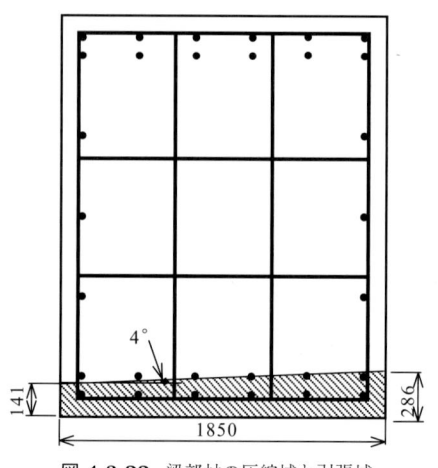

図 **4.3.22** 梁部材の圧縮域と引張域

引張側に配置された主鋼材を引張鋼材とした場合の設計曲げ耐力 M_{ud} を考える際に，図 **4.3.22** のように常に引張側に配置された主鋼材本数は，D32-20 本となる．

中立軸を $x = 275.567$ mm とするとコンクリート圧縮合力と作用点および鋼材の引張合力と作用点は以下のようになる．また，軸力は影響が小さいために無視する．

- コンクリート圧縮合力 (C'_c)：4 686 kN，コンクリート圧縮の作用点 (a_1)：0.135 m
- 鋼材の引張合力 (T_s)：4 686 kN，引張合力の重心 (a_3)：1.379 m

釣合い状態は，$0 = C'_c - T_s = 4\,686 - 4\,686$ より成り立つ．よって，終局曲げ耐力 (M_{ud}) は，

$$M_{ud} = T_s \times (a_3 + a_1)/\gamma_b = 4\,686 \times (0.135 + 1.379)/1.15 = 6\,170\,\text{kN}\cdot\text{m}$$

2) 二軸せん断耐力（V_{ud}）
設計二軸せん断力は次式で求まる．

$$V_d = \sqrt{V_x^2 + V_y^2} = \sqrt{1\,736^2 + 1\,042^2} = 2\,025\,\text{kN}$$

図 **4.3.12** に示すように x 軸 4 本，y 軸 4 本の横方向鋼材が配筋されている．せん断耐力の計算において横方向補強鋼材として，4 本-D19 の区間 105 mm と仮定する．また，有効高さは $d = 276 + 1\,379 = 1\,655$ mm である．z_{se} は，次式となる．

$$z_{se} = d/1.15 = 1\,655/1.15 = 1\,439\,\text{mm}$$

よって，せん断耐力 V_{ud} は，

$$V_{ud} = [A_w f_{wy}(\sin\alpha_{se} + \cos\alpha_{se})/s_s]z_{se}/\gamma_b$$
$$= [4 \times 286.5 \times 295 \times (\sin 90 + \cos 90) \times 1\,439]/(100 \times 1.15) = 4\,028\,\text{kN}$$

c. 組合せ力の検討

4.3.6 (3) b. で算定した終局耐力を用いて，第 2 章の組合せの検討を行う．また本設計では，上側軸鋼材に圧縮応力，下側軸鋼材に引張応力が発生するため第 2 破壊モードは検討を行わない．次に常に圧縮側に配置された主鋼材本数は，D32-8 本とする．よって，降伏力比 R は，

$$R = \frac{F_{tly}}{F_{bly}} = \frac{1\,874}{4\,686} = 0.400$$

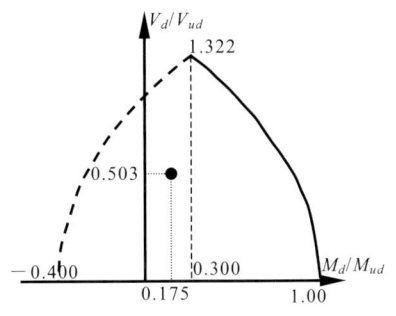

図 **4.3.23** 曲げ，せん断力の相関関係面

となる．R を理論式に代入し，また各々の断面力および終局強度を代入すると，
第 1 破壊モード　式 (2.7)

$$\frac{M}{M_{ud}} + \left(\frac{V}{V_{ud}}\right)^2 R = \frac{1\,080}{6\,170} + \left(\frac{2\,025}{4\,028}\right)^2 \times 0.400 = 0.276 \leqq 1.0$$

第 1，第 2 破壊モードの相関関係面に，各々の断面力による相関関係を代入すると，図 **4.3.23** に示すように相関関係面内に存在している．よって，組合せ力の検討として，この梁隅部は橋軸方向に関して安全である．

(4) 梁隅部の橋軸直角方向に対する検討

a. 断面耐力の算定

1) 曲げ耐力の算定（M_{ud}）

設計曲げモーメントは，$M_d = 4562\,\text{kN}\cdot\text{m}$ である．圧縮域と引張域を図に示すと，図 **4.3.24** となる．ここで，斜線部分は圧縮力を受ける部分である．

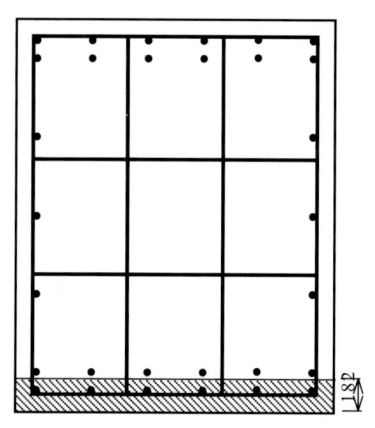

図 4.3.24 柱部材の圧縮域と引張域

引張側に配置された主鋼材を引張鋼材とした場合の設計曲げ耐力 M_{ud} を考える際に，図 **4.3.24** のように常に引張側に配置された主鋼材本数は，D32-18 本となる．

中立軸を $x = 181.583\,\text{mm}$ とするとコンクリート圧縮合力と作用点および鋼材の引張合力と作用点は以下のようになる．また，軸力は影響が小さいために無視する．

- コンクリート圧縮合力（C'_c）：$4217\,\text{kN}$，コンクリート圧縮の作用点（a_1）：$0.109\,\text{m}$
- 鋼材の引張合力（T_s）：$4217\,\text{kN}$，引張合力の重心（a_3）：$1.536\,\text{m}$

釣合い状態は，$0 = C'_c - T_s = 4217 - 4217$ より成り立つ．よって，終局曲げ耐力（M_{ud}）は，

$$M_{ud} = T_s \times (a_3 + a_1)/\gamma_b = 4217 \times (0.109 + 1.559)/1.15 = 6117\,\text{kN}\cdot\text{m}$$

2) せん断耐力（V_{ud}）

設計せん断力は，$V_d = 3563\,\text{kN}$ である．図 **4.3.12** に示すように x 軸と y 軸に 4 本の横方向鋼材が配筋されている．せん断耐力の計算において横方向補強鋼材と

して，4本-D19 の区間 105 mm と仮定する．また，有効高さは $d = 182 + 1559 = 1741$ mm である．z_{se} は次式となる．

$$z_{se} = d/1.15 = 1741/1.15 = 1514 \text{ mm}$$

よって，せん断耐力 V_{ud} は，

$$\begin{aligned} V_{ud} &= [A_w f_{wy}(\sin\alpha_{se} + \cos\alpha_{se})/s_s]z_{se}/\gamma_b \\ &= [4 \times 286.5 \times 295 \times (\sin 90 + \cos 90) \times 1514]/(105 \times 1.15) = 4238 \text{ kN} \end{aligned}$$

b. 組合せ力の検討

4.3.6 (4) a. で算定した終局耐力を用いて，第 2 章の組合せの検討を行う．また本設計では，上側軸鋼材に圧縮応力，下側軸鋼材に引張応力が発生するため第 2 破壊モードは検討を行わない．次に常に圧縮側に配置された主鋼材本数は，D32-6 本とする．よって，降伏力比 R は，

$$R = \frac{F_{tly}}{F_{bly}} = \frac{1406}{4217} = 0.333$$

となる．R を理論式に代入し，また各々の断面力および終局耐力を代入すると，
第 1 破壊モード　式 (2.7)

$$\frac{M}{M_{ud}} + \left(\frac{V}{V_{ud}}\right)^2 R = \frac{4562}{6117} + \left(\frac{3563}{4238}\right)^2 \times 0.333 = 0.984 \leqq 1.0$$

第 1, 第 2 破壊モードの相関関係面に，各々の断面力による相関関係を代入すると，図 **4.3.25** に示すように相関関係面内に存在している．よって，組合せ力の検討として，この梁隅部は橋軸直角方向に関して安全である．

したがって，梁隅部は安全である．

また，表 **4.3.12** に示すように動的解析と静的解析の断面力を比較すると，一部の部分では動的解析の影響が大きくなった．そのことから，動的解析の断面力に対する終局荷重時の検討を行うと，部材は安全であると確認できた．

最終的に，ラーメン橋脚の配筋図を図 **4.3.26** に示す．

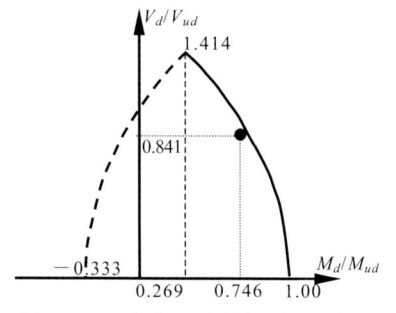

図 **4.3.25** 曲げ，せん断力の相関関係面

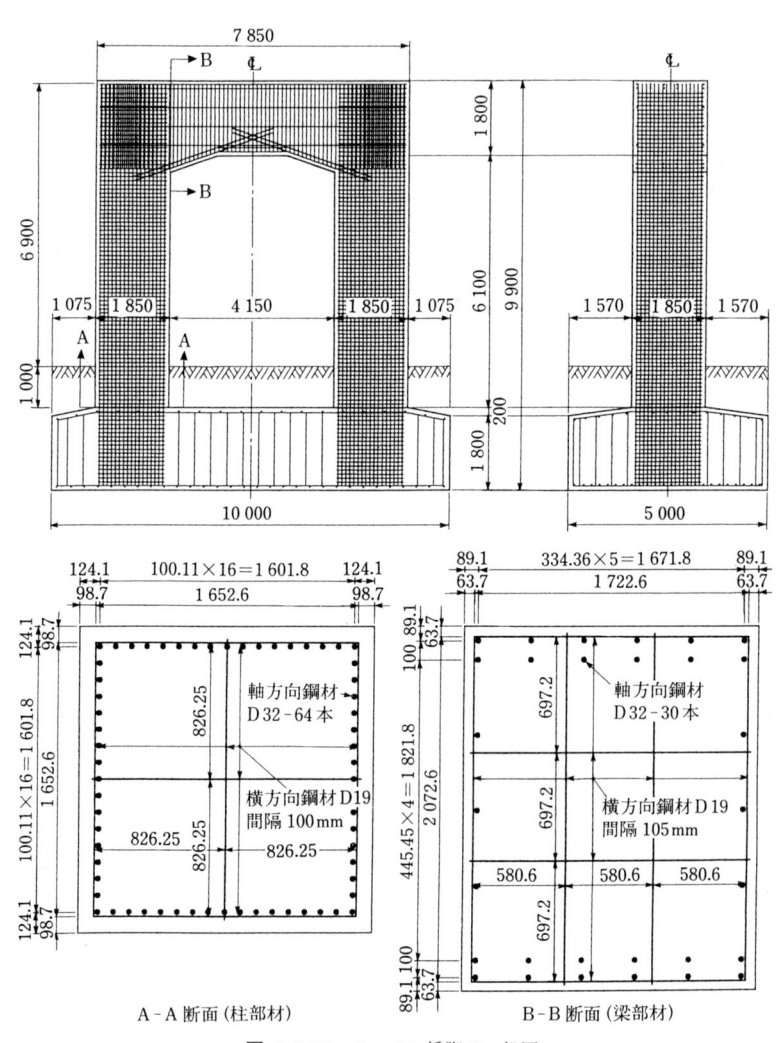

図 **4.3.26** ラーメン橋脚の一般図

4.3.7 組合せ力を考慮した設計と組合せ力を考慮しない設計の比較

累加設計法

$$\left\{\begin{array}{l}\text{柱部材}\\\quad\text{軸方向鋼材：132本-D32，せん断補強鋼材：D19-150 mm 間隔}\\\quad\text{ねじり補強鋼材：D19-300 mm 間隔}\\\text{梁部材}\\\quad\text{軸方向鋼材：22本-D32，せん断補強鋼材：D19-130 mm 間隔}\end{array}\right.$$

組合せ力設計法

$$\left\{\begin{array}{l}\text{柱部材}\\\quad\text{軸方向鋼材：128本-D32，横方向補強鋼材：D19-100 mm 間隔}\\\text{梁部材}\\\quad\text{軸方向鋼材：30本-D32，横方向補強鋼材：D19-105 mm 間隔}\end{array}\right.$$

横方向鋼材の比較については，わかりやすく示すために 1 m 当たりの横方向鋼材の本数および軸方向鋼材の本数を**表 4.3.16** に示す．

表 4.3.16 1 m 当たりの横方向鋼材の本数および軸方向鋼材の本数

	組合せ力設計法	累加設計法
柱部材		
横方向鋼材	10 本-D19	10-D19
軸方向鋼材	128 本-D32	132 本-D32
梁部材		
横方向鋼材	10 本-D19	8 本-D19
軸方向鋼材	30 本-D32	22 本-D32

柱部材に対しては，組合せ力設計法を累加設計法と比較すると軸方向鋼材量の場合は，約 3%少なくなる．横方向鋼材量の差は生じない．梁部材に対して，同様な比較をすると軸方向鋼材量が約 36%多く，横方向鋼材量の場合で約 25%多くなる．よって，部材にねじりモーメントが作用しない場合（曲げモーメントおよびせん断力が作用する場合），累加設計法の方が経済的に設計できる．

この設計例の柱と梁部材について，最終的には組合せ力設計法は全鋼材量では約 0.6%多くなる．

4.4 曲線桁橋の設計[3], [4], [9]

図 4.4.1 に示す曲線桁橋は高速道路のインターチェンジ部，ランプ部分に多く適用されてきている．この構造は，常時荷重，地震時荷重載荷を通して組合せ力を受けている．なお支承部は桁に作用するねじりモーメントに抵抗できる構造としてある．

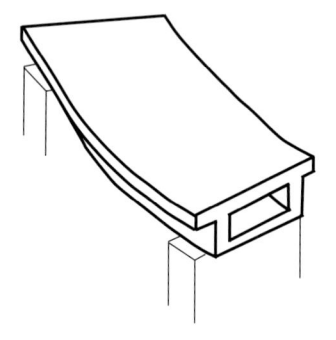

図 4.4.1 曲線桁橋

4.4.1 設計条件
- 構造種別：ポストテンション式プレストレストコンクリート道路橋
- 構造形式：単純箱桁曲線橋
- 主桁支間長：25.0 m，主桁長：25.7 m
- 車道幅員：6.10 m，総幅員：6.90 m
- 道路半径：22.0 m
- 組合せ力の検討：曲げモーメント，せん断力およびねじりモーメントが作用する断面を検討する（すべての断面に作用する．ここでは，E～E 断面について検討する）．
  :せん断力およびねじりモーメントの影響を最も受ける支点部（D～D 断面）を検討する．

4.4.2 設計荷重
(1) 活荷重　　　　B 活荷重
(2) 衝撃係数　　　T 荷重　　$i = 20/(50+l)$,
　　　　　　　　　L 荷重　　$i = 10/(25+l)$　（l：主桁の支間長）
(3) 死荷重
　(a) 材料の単位重量　鉄筋コンクリート：$24.5 \, \text{kN/m}^3$
　　　　　　　　　　　アスファルト舗装：$22.5 \, \text{kN/m}^3$
　　　　　　　　　　　コンクリート　　：$23.0 \, \text{kN/m}^3$
　(b) 高欄重量　　　　：$0.59 \, \text{kN/m}$
(4) 高欄への推力（水平方向）　$2.5 \, \text{kN/m}$

4.4.3 曲線桁の材料特性

(1) コンクリート：設計基準強度：40 N/mm^2
(2) 鋼材：鋼材の種別　SD295A
(3) PC 鋼材

	縦締め（主桁）	横締め（床版＆横桁）
緊張材の種別	7S15.2B	1S19.3
JIS 記号	SWPR7B	SWPR19

4.4.4 曲線桁橋の形状寸法

逆 L 形構造物の形状寸法を図 **4.4.2** に示す.

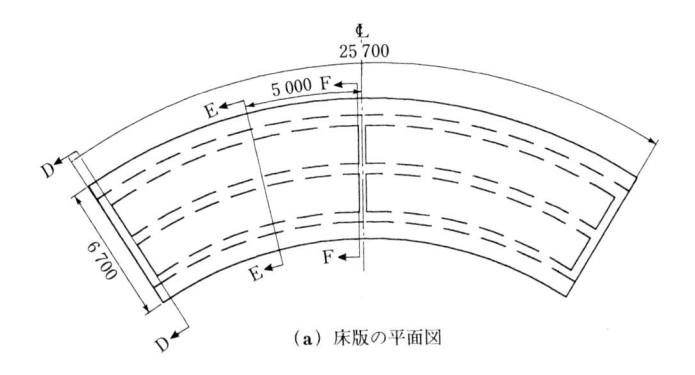

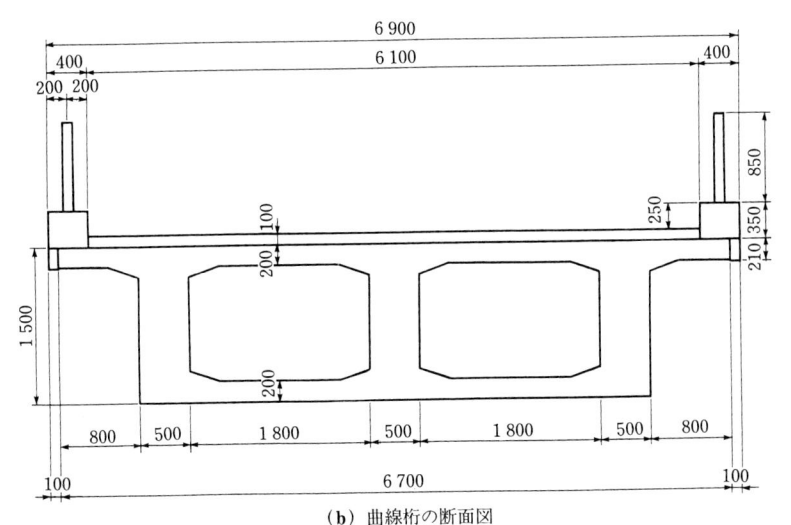

(a) 床版の平面図

(b) 曲線桁の断面図

図 **4.4.2**　プレストレストコンクリート箱桁曲線橋

4.4.5 床版の設計
（1） 設計荷重作用時の曲げモーメントの計算

断面力の算定は，図 4.4.3 の断面を算定する．

床版曲げモーメントの合計を表 4.4.1 に示す．

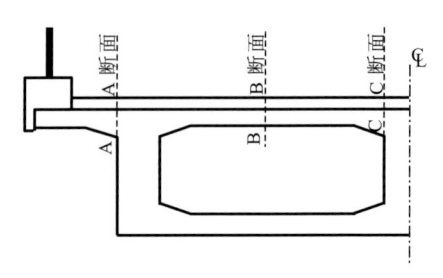

図 4.4.3 断面力を算定する断面

表 4.4.1 床版の曲げモーメント（kN·m）

荷重	断面	片持床版 (A～A 断面)	中間床版	
			支間中央部 (B～B 断面)	支点部 (C～C 断面)
床版支間方向	死荷重	− 5.14	2.32	− 2.32
	活荷重	−46.88	22.88	−39.50
	高欄推力	− 3.00	—	—
	合計	−55.01	25.20	−41.82
橋軸方向（活荷重）		—	17.50	—

（2） 設計荷重作用時の許容応力度の検討

ここでは，各断面に対する許容応力度の検討を示す．各々の部材の配筋については図 4.4.4，図 4.4.5，図 4.4.6 に示す．

図 4.4.4，図 4.4.5，図 4.4.6 の配筋図で各断面の応力度を表 4.4.2 に示す．

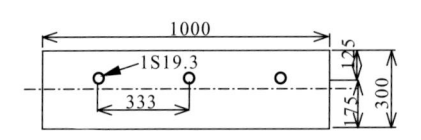

図 4.4.4 片持床版（A～A 断面）および中間床版の支点部（C～C 断面）に対する配筋

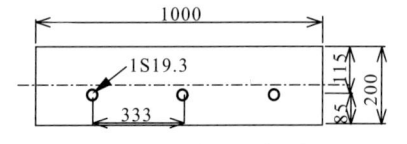

図 4.4.5 中間床版の支間中央部（B～B 断面）に対する配筋

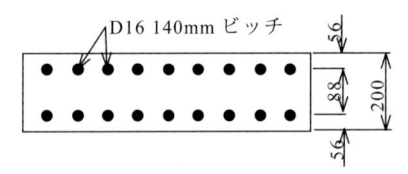

図 4.4.6 橋軸方向床版配筋図

表 4.4.2 各断面に対する応力度

荷重状態			片持床版 (A~A)	中央部 (B~B)	支点部 (C~C)	橋軸直角方向
断面力	M	kN·m	−55.01	25.20	−41.82	17.50
部材寸法	b	cm	100	100	100	100
	h	cm	30	20	30	20
	d	cm	18.5	11.5	18.5	14.4
鋼材量	A_s	cm²	1S19.3 -3 本	1S19.3 -3 本	1S19.3 -3 本	D16-7 本
プレストレス導入直後の応力度	σ'_{ce}	N/mm²	4.7	2.3	4.7	
	σ_{ce}	N/mm²	0.8	6.1	0.8	
設計荷重作用時の応力度	σ'_c	N/mm²	1.1	6.1	2.0	
	σ_c	N/mm²	4.5	2.3	3.6	
プレストレス導入直後の応力度（検討）	σ'_{ce}	N/mm²	−1.5 (OK)	19.0 (OK)	−1.5 (OK)	
	σ_{ce}	N/mm²	19.0 (OK)	−1.5 (OK)	19.0 (OK)	
設計荷重作用時の応力度（検討）	σ'_c	N/mm²	−1.5 (OK)	15.0 (OK)	−1.5 (OK)	
	σ_c	N/mm²	15.0 (OK)	−1.5 (OK)	15.0 (OK)	
曲げ応力度	σ_c	N/mm²				4.84
	σ_s	N/mm²				106.7
許容応力度（検討）	σ_{ca}	N/mm²				8.0 (OK)
	σ_{sa}	N/mm²				180 (OK)

(3) 終局荷重作用時の曲げに対する照査

ここで，M_{ud}：終局荷重作用時の曲げ耐力，M_D：設計荷重作用時の死荷重による曲げモーメント，M_L：設計荷重作用時の活荷重による曲げモーメントであり，M_d の計算結果を**表 4.4.3** に示す．

表 4.4.3 床版の終局荷重作用時曲げモーメント (kN·m)

		支間中央部 (B~B 断面)	支点部 (C~C 断面)	橋軸方向
設計荷重作用時	死荷重	2.32	−2.32	—
	活荷重	22.88	−39.50	17.60
終局荷重作用時	$1.3M_D + 2.5M_L$	60.2	−101.8	44.00
	$1.7(M_D + M_L)$	42.8	−71.1	29.92
終局荷重作用時の曲げ (M_d)		60.2	−101.8	44.00
終局曲げ耐力 (M_{ud})		114.0	−202.5	55.8

4.4.6 主桁の設計
(1) 設計荷重作用時の曲げモーメントの計算

断面力の算定は，支点部断面（D～D 断面），E～E 断面，支間中央部（F～F 断面）を算定する．活荷重の載荷状態は以下の図 **4.4.7**，図 **4.4.8** のように定義できる．図 **4.4.7** の場合は支間全体の曲げ，せん断およびねじり，図 **4.4.8** の場合は，支点部に生じるせん断およびねじりを考える．

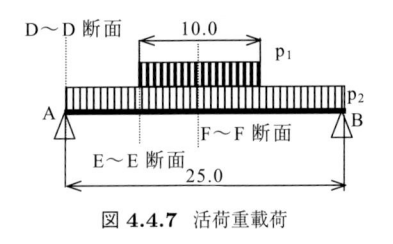

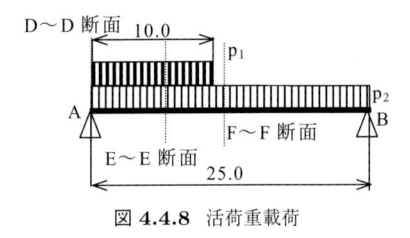

図 **4.4.7** 活荷重載荷

図 **4.4.8** 活荷重載荷

各断面に対する断面力を表 **4.4.4**，表 **4.4.5** に示す．

表 **4.4.4** 図 **4.4.7** の載荷状態における断面力の合計

荷重の種別	支点部(D～D 断面)		E～E 断面			支間中央(F～F 断面)	
	せん断 (kN)	ねじり (kN·m)	曲げ (kN·m)	せん断 (kN)	ねじり (kN·m)	曲げ (kN·m)	せん断 (kN)
主桁自重	1 291	3 534	7 811	531	2 061	9 434	17
橋面荷重	285	775	1 714	115	663	2 057	0
死荷重合計	1 576	4 308	9 525	646	2 724	11 490	17
活荷重	722	2 541	4 851	722	1 921	6 210	0
合計	2 298	6 849	14 377	1 368	4 645	17 700	17

表 **4.4.5** 図 **4.4.8** の載荷状態における断面力の合計

荷重の種別	支点部 (D～D 断面)	
	せん断 (kN)	ねじり (kN·m)
主桁自重	1 291	3 534
橋面荷重	285	775
死荷重合計	1 576	4 308
活荷重	992	2 039
合計	2 567	6 347

曲線桁橋を骨組構造モデルとし，図 **4.4.7** の活荷重載荷の場合の設計荷重作用時に対するモーメント，力の分布を図 **4.4.9** に示す．

曲線桁橋を骨組構造モデルとし，図 4.4.8 の活荷重載荷の場合の設計荷重作用時に対するモーメント，力の分布を図 4.4.10 に示す．

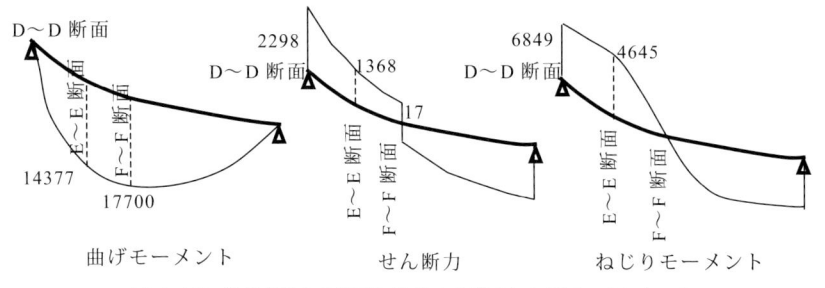

図 4.4.9 単純支持の曲線桁に作用する荷重およびモーメント，力

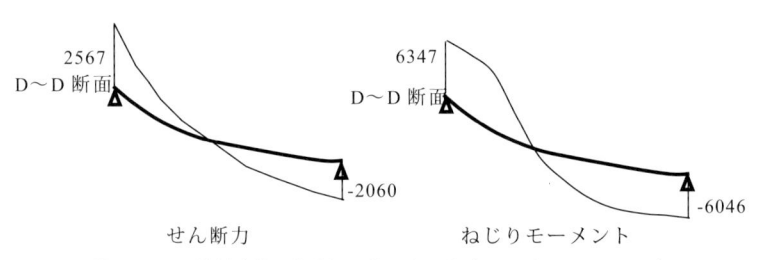

図 4.4.10 単純支持の曲線桁に作用する荷重およびモーメント，力

（2） 設計荷重作用時の許容応力度の検討

ここでは，各断面に対する許容応力度の検討を示す．配筋図については図 4.4.11 に示す．

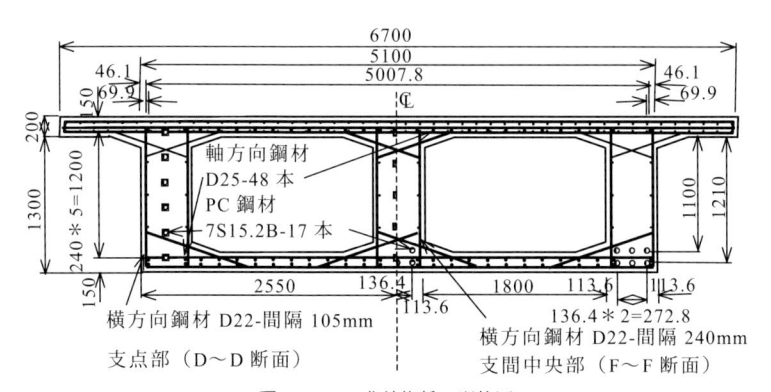

図 4.4.11 曲線桁橋の配筋図

図 4.4.11 の配筋図で F〜F 断面の応力度を表 4.4.6 に示す.

表 4.4.6 支間中央部に対する応力度

荷重状態			中央部（F〜F 断面）
断面力	M_{d1}	kN·m	9 434
	M_{d2}	kN·m	2 057
部材寸法	b	cm	670
	h	cm	150
	d	cm	140
鋼材量	A_s	cm^2	7S15.2-17 本
プレストレス導入直後の応力度	σ'_{ce}	N/mm^2	2.73
	σ_{ce}	N/mm^2	5.57
設計荷重作用時の応力度	σ'_c	N/mm^2	7.83
	σ_c	N/mm^2	−0.56
プレストレス導入直後の応力度（検討）	σ'_{ce}	N/mm^2	−1.5 （OK）
	σ_{ce}	N/mm^2	19.0 （OK）
設計荷重作用時の応力度（検討）	σ'_c	N/mm^2	15.0 （OK）
	σ_c	N/mm^2	−1.5 （OK）

ここで，M_{d1}：主桁自重の曲げモーメント，M_{d2}：橋面荷重の曲げモーメントである.

また引張応力が生じているためコンクリートの部分に引張鋼材を配置しなければならない．コンクリートに生じる引張力は，

$$T = bx\sigma_t/2 = 6\,700 \times 99.27 \times 0.56/2 = 184\,585\,\text{N},$$

必要鋼材量は

$$A_s = T/\sigma_{sa} = 184\,585/180 = 1\,025\,\text{mm}^2$$

となる．一方，最小引張鋼材量は

$$A_{w\,\min} = 0.005bx = 0.005 \times b \times x = 3\,325\,\text{mm}^2$$

であるから 24-D25（$A_s = 12\,161\,\text{mm}^2$）の引張鋼材を配置する.

(3) 終局荷重作用時におけるモーメントおよび力

終局荷重作用時の M_{ud} は，設計荷重作用時の死荷重を M_D，活荷重を M_L とするとき，次の式で求めた M_{ud} のうち大きい値をとる．支点部に対する終局荷重作用時は，

表 4.4.7 図 4.4.7 の載荷状態における支点部の断面力（D～D 断面）

	せん断力（kN）	ねじりモーメント（kN·m）
死荷重	1 576	4 308
活荷重	722	2 541
1.3（死荷重）+2.5（活荷重）	3 854	11 952
1.7（死荷重+活荷重）	3 907	11 643

E～E 断面に対する終局荷重作用時は，

表 4.4.8 図 4.4.7 の載荷状態における E～E 断面の断面力

	曲げモーメント（kN·m）	せん断力（kN）	ねじりモーメント（kN·m）
死荷重	9 525	646	2 724
活荷重	4 851	722	1 921
1.3（死荷重）+2.5（活荷重）	24 511	2 645	8 343
1.7（死荷重+活荷重）	24 440	2 326	7 896

中央部に対する終局荷重作用時は，

表 4.4.9 図 4.4.7 の載荷状態における支間中央部の断面力（F～F 断面）

	曲げモーメント（kN·m）	せん断力（kN）
死荷重	11 490	17
活荷重	6 210	0
1.3（死荷重）+2.5（活荷重）	30 462	22
1.7（死荷重+活荷重）	30 090	29

　曲線桁橋を骨組構造モデルとし，図 4.4.7～図 4.4.9 の活荷重載荷の場合の終局荷重作用時に対するモーメント，力の分布を図 4.4.12 に示す．

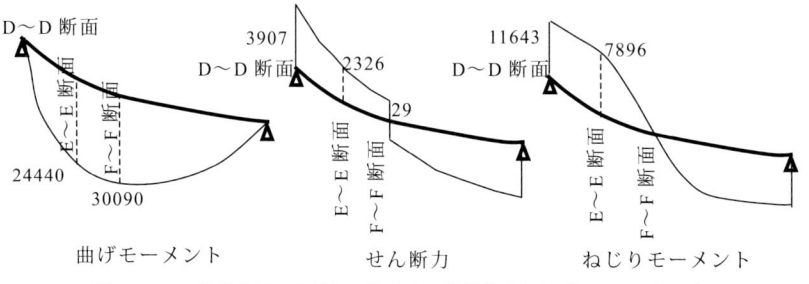

図 4.4.12　単純支持の曲線桁に作用する終局荷重およびモーメント，力

また，図 4.4.8 の活荷重載荷の場合の終局荷重作用時の断面力を表 4.4.10 に示す．

表 4.4.10 図 4.4.8 の載荷状態における支点部の断面力（D～D 断面）

	せん断力（kN）	ねじりモーメント（kN·m）
死荷重	1 576	4 308
活荷重	992	2 039
1.3（死荷重）+2.5（活荷重）	4 527	10 697
1.7（死荷重+活荷重）	4 365	10 790

曲線桁橋を骨組構造モデルとし，図 4.4.8 の活荷重載荷の場合の終局荷重作用時に対するモーメント，力の分布を図 4.4.13 に示す．

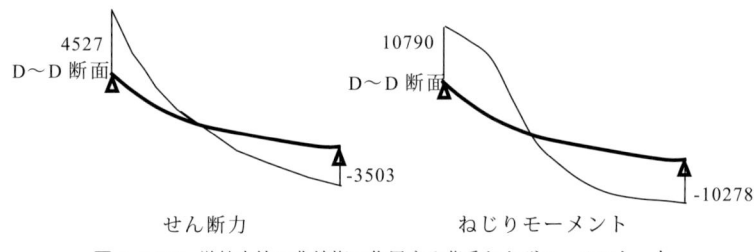

図 4.4.13 単純支持の曲線桁に作用する荷重およびモーメント，力

4.4.7 終局荷重時の検討
(1) E～E 断面の組合せ力の検討
a. 断面耐力の算定
1) 曲げ耐力の算定（M_{ud}）

引張側に配置された主鋼材を引張鋼材とした場合の設計曲げ耐力 M_{ud} を考える際に，図 4.4.14 のように常に引張側に配置された主鋼材本数は，7S15.2B-17 本，D25-24 本となる．PC 鋼材の配筋位置が移動しているのは，図 4.4.20 (c) に示すようになっているためである．

中立軸を $x = 194.938 \, \mathrm{mm}$ とするとコンクリート圧縮合力と作用点および鋼材の引張合力と作用点は以下のようになる．

- コンクリート圧縮合力 (C'_c)：$34\,159\,\mathrm{kN}$，コンクリート圧縮の作用点 (a_1)：$0.117\,\mathrm{m}$
- 鋼材の引張合力 (T_s)：$34\,159\,\mathrm{kN}$，引張合力の重心 (a_3)：$1.123\,\mathrm{m}$

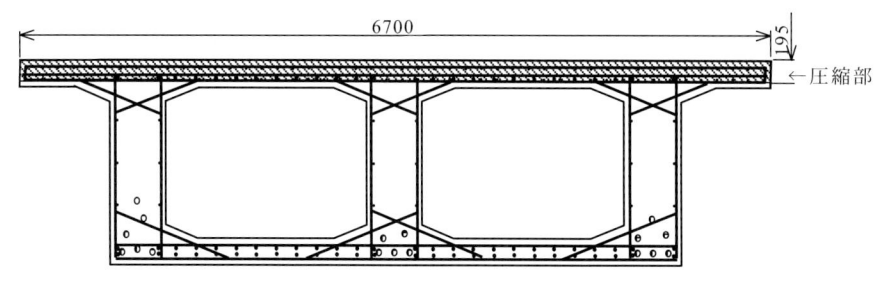

図 **4.4.14** E～E 断面の引張域と圧縮域

釣合い状態は，$0 = C'_c - T_s = 34\,159 - 34\,159$ より成り立つ．よって，終局曲げ耐力 (M_{ud}) は，

$$M_{ud} = T_s \times (a_3 + a_1)/\gamma_b = 34\,159 \times (0.117 + 1.123)/1.15 = 36\,829\,\text{kN} \cdot \text{m}$$

2) せん断耐力 (V_{ud})

図 **4.4.11** に示すように 6 本-D19 の横方向補強鋼材と仮定する．区間に対しては 240 mm と仮定する．有効高さは $d = 1\,123 + 117 = 1\,317\,\text{mm}$ である．z_{se} は，次式となる．

$$z_{se} = d/1.15 = 1\,317/1.15 = 1\,146\,\text{mm}$$

よって，せん断耐力 V_{ud} は，

$$\begin{aligned}V_{ud} &= [A_w f_{wy}(\sin\alpha_{se} + \cos\alpha_{se})/s_s]z_{se}/\gamma_b \\ &= [6 \times 387.1 \times 295 \times (\sin 90 + \cos 90) \times 1\,146]/(240 \times 1.15) = 2\,845\,\text{kN}\end{aligned}$$

3) ねじり耐力 (M_{tud})

図 **4.4.11** より横方向鋼材の短辺および長辺が算出でき，以下のようになる．

$$b_v = 1\,334\,\text{mm}, \quad d_v = 5\,052\,\text{mm}$$

となる．また，軸方向鋼材に対しては，D25-48 本，7S15.2B-17 本をねじりの設計に考慮する．よってねじり耐力は，以下のようになる．

$$\begin{aligned}M_{tud} &= 2A_m\sqrt{q_w q_l}/\gamma_b = 2 \times 6.74 \times 10^6 \sqrt{595 \times 476}/1.3 = 5\,517\,\text{kN} \cdot \text{m} \\ A_m &= b_v \times d_v = 1\,334 \times 5\,052 = 6\,741\,656\,\text{mm}^2 \\ u_0 &= 2(b_v + d_v) = 2 \times (1\,334 + 5\,052) = 12\,773\,\text{m}\end{aligned}$$

$q_w = 387.1 \times 295/240 = 476$ $1.25 \times q_l = 3\,740 > 476$ より $q_w = 476$

$$q_l = \frac{(48 \times 506.7 \times 295 + 17 \times 138.2 \times 1\,881)}{12\,773} = 2\,992$$

$1.25 \times q_w = 595 > 2\,992$ より $q_l = 595$

b. 組合せ力の検討

4.4.7 (1) a. で算定した終局耐力を用いて，第 2 章の組合せの検討を行う．主に正の曲げモーメントが作用するため第 2 破壊モードは検討を行わない．次に常に圧縮側に配置された主鋼材本数は，D25-24 本とする．よって，降伏力比 R は，

$$R = \frac{F_{tly}}{F_{bly}} = \frac{3\,587}{34\,159} = 0.11$$

となる．R を理論式に代入し，また各々の断面力および終局強度を代入すると，

第 1 破壊モード　式（2.37）

$$\frac{M}{M_{ud}} + \left(\frac{V}{V_{ud}}\right)^2 R + \left(\frac{M_t}{M_{tud}}\right)^2 R = \frac{24\,511}{36\,829} + \left(\frac{2\,645}{2\,845}\right)^2 \times 0.11$$
$$+ \left(\frac{8\,343}{5\,517}\right)^2 \times 0.11 = 0.996 \leqq 1.0$$

第 3 破壊モード　式（2.46）

$$\left(\frac{V}{V_{ud}}\right)^2 + \left(\frac{M_t}{M_{tud}}\right)^2 + \frac{VM_t}{V_{ud}M_{tud}}2\sqrt{\frac{2d_v}{u_0}} = \frac{1+R}{2R}$$
$$= \left(\frac{2\,645}{2\,845}\right)^2 + \left(\frac{8\,343}{5\,517}\right)^2 + \left(\frac{2\,645 \times 8\,343}{2\,844 \times 5\,517}\right) \times \sqrt{\frac{8 \times 1\,334}{12\,773}} = 4.44 < 5.26$$

第 1，第 2 破壊モードの相関関係面に，各々の断面力による相関関係を代入すると，図 **4.4.15** に示すように相関関係面内に存在している．次に第 3 破壊モードの相関関係面を考慮すると，図 **4.4.16** に示すように相関関係面内に存在している（注：図 **4.4.16** について $M_{td}/M_{tud} = 0$ の場合は，$(V_d/V_{ud})^2 = 5.26$ となる．二乗を解くと $V_d/V_{ud} = 2.29$ となる）．最終的に第 1，第 2 破壊モードの相関関係面に，第 3 破壊モードの相関関係面を代入しても相関関係面内に存在している．よって，組合せ力の検討として，この曲線桁は安全である．

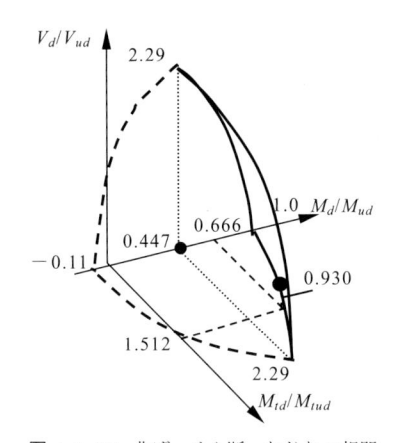

図 **4.4.15** 曲げ，せん断，ねじりの相関関係面（第 1 破壊モード）

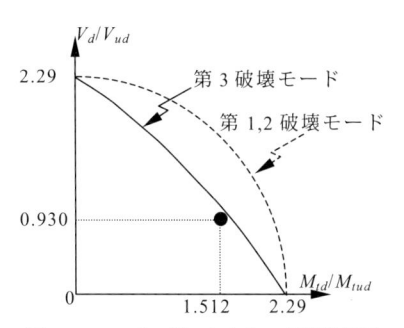

図 **4.4.16** せん断，ねじりの相関関係面（第 3 破壊モード）

（2）支点部 (D〜D 断面) の組合せ力の検討
a. 断面耐力の算定

支点部（D〜D 断面）の圧縮域と引張域を図に示すと図 **4.4.17** となる．

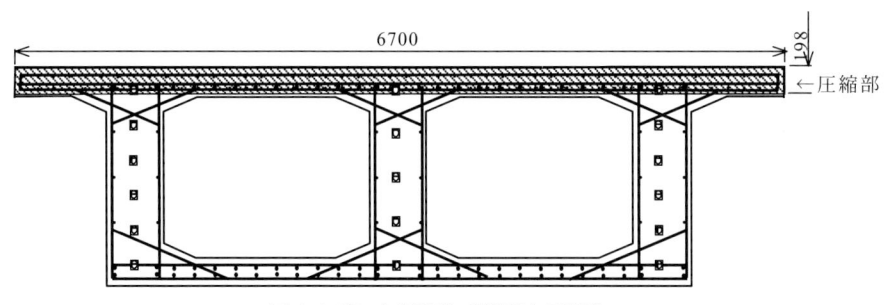

図 **4.4.17** 支点断面の引張域と圧縮域

1) せん断耐力（V_{ud}）

図 **4.4.11** に示すように 6 本-D19 の横方向補強鋼材と仮定する．区間に対しては 105 mm と仮定する．有効高さは $d = 1\,154$ mm である．z_{se} は，次式となる．

$$z_{se} = d/1.15 = 1\,154/1.15 = 1\,003\,\text{mm}$$

よって，せん断耐力 V_{ud} は，

$$V_{ud} = [A_w f_{wy}(\sin\alpha_{se} + \cos\alpha_{se})/s_s]z_{se}/\gamma_b$$
$$= [6 \times 387.1 \times 295 \times (\sin 90 + \cos 90) \times 1\,003]/(105 \times 1.15) = 5\,693\,\text{kN}$$

2) ねじり耐力 (M_{tud})

図 **4.4.11** より横方向鋼材の短辺および長辺が算出でき，以下のようになる．

$$b_v = 1\,334\,\text{mm}, \quad d_v = 5\,052\,\text{mm}$$

となる．また，軸方向鋼材に対しては，D25-48 本，7S15.2B-17 本をねじりの設計に考慮する．よってねじり耐力は，以下のようになる．

$$M_{tud} = 2A_m\sqrt{q_w q_l}/\gamma_b = 2 \times 6.74 \times 10^6\sqrt{1\,359 \times 1\,088}/1.3 = 12\,611\,\text{kN}\cdot\text{m}$$
$$A_m = b_v \times d_v = 1\,334 \times 5\,052 = 6\,741\,656\,\text{mm}^2$$
$$u_0 = 2(b_v + d_v) = 2 \times (1\,334 + 5\,052) = 12\,773\,\text{m}$$
$$q_w = 387.1 \times 295/105 = 1\,088 \quad 1.25 \times q_l = 3\,740 > 1\,088\ \text{より}\ q_w = 1\,088$$
$$q_l = \frac{(48 \times 506.7 \times 295 + 17 \times 138.2 \times 1\,881)}{12\,773} = 2\,992$$
$$1.25 \times q_w = 1\,359 < 2\,992\ \text{より}\ q_l = 1\,359$$

b. 組合せ力の検討

4.4.7 (2) a. で算定した終局耐力を用いて，第 2 章の組合せの検討を行う．曲げモーメントは作用していないため，せん断力とねじりの相関関係の第 3 破壊モードの検討を行う．次に常に引張側に配置された主鋼材本数は，7S15.2B-14 本，D25-24 本となる．圧縮側に配置された主鋼材本数は，7S15.2B-3 本，D25-24 本となる．よって，降伏力比 R は，

$$R = \frac{F_{tly}}{F_{bly}} = \frac{9\,066}{29\,155} = 0.311$$

となる．R を理論式に代入し，また各々の断面力および終局強度を代入すると，
第 3 破壊モード（図 **4.4.7** のような活荷重載荷）式 (2.46)

$$\left(\frac{V}{V_{ud}}\right)^2 + \left(\frac{M_t}{M_{tud}}\right)^2 + \frac{VM_t}{V_{ud}M_{tud}}2\sqrt{\frac{2d_v}{u_0}} = \frac{1+R}{2R}$$
$$= \left(\frac{3\,854}{5\,693}\right)^2 + \left(\frac{11\,952}{12\,611}\right)^2 + \left(\frac{3\,854 \times 11\,952}{5\,693 \times 12\,611}\right) \times \sqrt{\frac{8 \times 1\,334}{12\,773}} = 1.96 < 2.11$$

4.4 曲線桁橋の設計

第3破壊モード（図 **4.4.8** のような活荷重載荷）式（2.46）

$$\left(\frac{V}{V_{ud}}\right)^2 + \left(\frac{M_t}{M_{tud}}\right)^2 + \frac{VM_t}{V_{ud}M_{tud}}2\sqrt{\frac{2d_v}{u_0}} = \frac{1+R}{2R}$$

$$= \left(\frac{4\,527}{5\,693}\right)^2 + \left(\frac{10\,790}{12\,611}\right)^2 + \left(\frac{4\,948 \times 10\,790}{5\,693 \times 12\,611}\right) \times \sqrt{\frac{8 \times 1\,334}{12\,773}} = 1.99 < 2.11$$

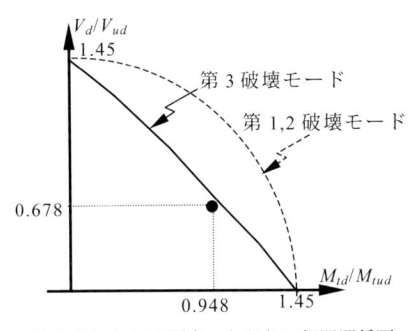

図 **4.4.18** せん断力，ねじりの相関関係面
（図 4.4.7）

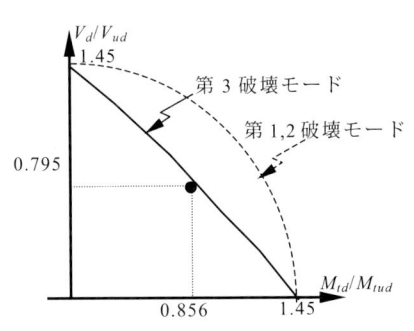

図 **4.4.19** せん断力，ねじりの相関関係面
（図 4.4.8）

第3破壊モードの相関関係面を考慮すると，図 **4.4.18**，図 **4.4.19** に示すように相関関係面内に存在している（注：図 **4.4.18**，図 **4.4.19** について $M_{td}/M_{tud} = 0$ の場合は，$(V_d/V_{ud})^2 = 2.11$ となる．二乗を解くと $V_d/V_{ud} = 1.45$ となる）．よって組合せ力の検討として，この曲線桁は安全である．

よって，最終的な曲線桁橋の配筋図を図 **4.4.20** に示す．

(a) 床版の平面配筋図

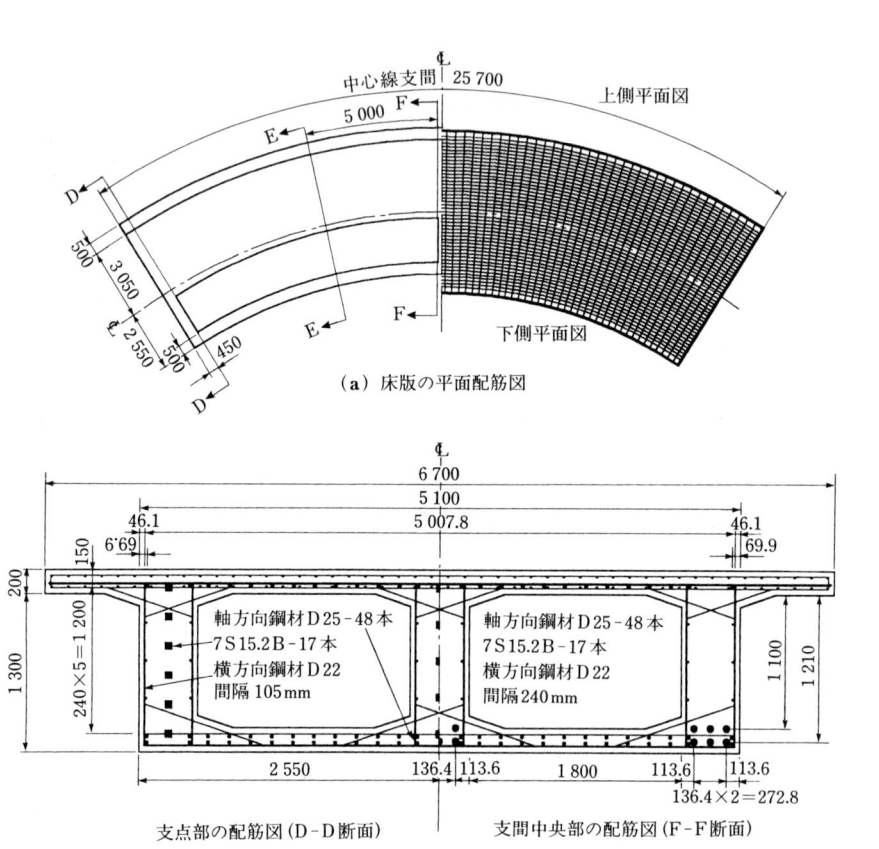

(b) 主桁の配筋図

図 **4.4.20** 曲線桁橋の一般配筋図

(c) 外桁の側面図

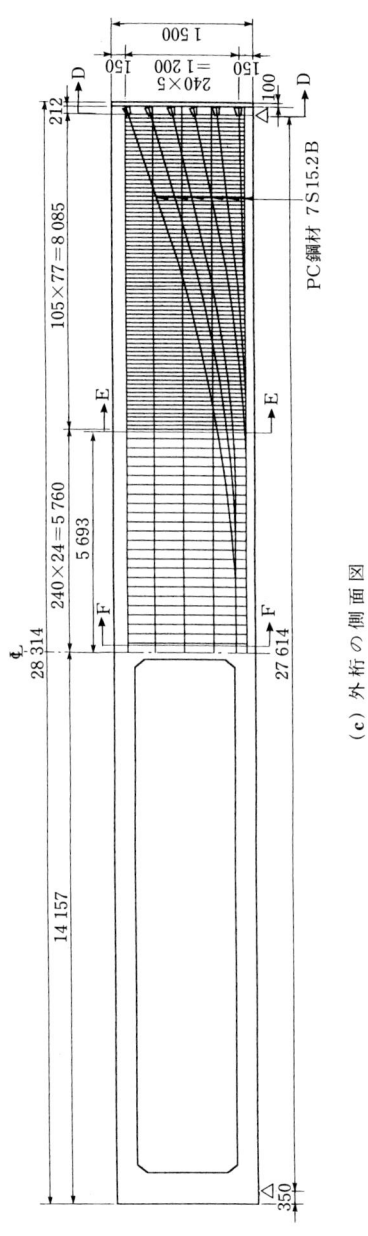

図 **4.4.20** 曲線桁橋の一般配筋図（つづき）

4.4.8 組合せ力を考慮した設計と組合せ力を考慮しない設計の比較

累加設計法

$\left\{\begin{array}{l}\text{E～E 断面}\\\quad\text{軸方向鋼材：68 本-D25，PC 鋼材：17 本-7S15.2B}\\\quad\text{せん断補強鋼材：D22-290 mm 間隔，ねじり補強鋼材：D22-150 mm 間隔}\\\text{支点部}\\\quad\text{軸方向鋼材：68 本-D25，PC 鋼材：17 本-7S15.2B}\\\quad\text{せん断補強鋼材：D22-140 mm 間隔，ねじり補強鋼材：D22-110 mm 間隔}\end{array}\right.$

組合せ力設計法

$\left\{\begin{array}{l}\text{E～E 断面}\\\quad\text{軸方向鋼材：48 本-D25，PC 鋼材：17 本-7S15.2B}\\\quad\text{横方向補強鋼材：D22-240 mm 間隔}\\\text{支点部}\\\quad\text{軸方向鋼材：48 本-D25，PC 鋼材：17 本-7S15.2B}\\\quad\text{横方向補強鋼材：D22-105 mm 間隔}\end{array}\right.$

横方向鋼材の比較については，わかりやすく示すために 1 m 当たりの横方向鋼材の本数および軸方向鋼材の本数を**表 4.4.11**に示す．

表 4.4.11　1 m 当たりの横方向鋼材の本数および軸方向鋼材の本数

	組合せ力設計法	累加設計法
E～E 断面		
横方向鋼材	5 本-D22	11 本-D22
軸方向鋼材	48 本-D25，17 本-7S15.2B	68 本-D25，17 本-7S15.2B
支点部		
横方向鋼材	10 本-D22	17 本-D22
軸方向鋼材	48 本-D25，17 本-7S15.2B	68 本-D25，17 本-7S15.2B

組合せ力設計法を累加設計法と比較すると軸方向鋼材量（PC 鋼材を除く）が約 29％少なくなる．E 断面では横方向鋼材量の場合，約 55％少なくなる．支点部（F 断面）に対しても，横方向鋼材量の場合約 41％少なくなる．

最終的には曲線桁橋鋼材量（PC 鋼材を除く）では約 32％少なくなる．

4.5 設計例のまとめ

下部構造および上部構造について第2章に示す相関関係理論を適用した概略の算定例を示した．数少ない算定例の結果ではあるが，以下のようなことが推定できる．

1) 終局荷重時にねじりモーメントの影響が大きい場合には，通常の設計より鋼材の使用量の減少が図れる．したがって，ラーメン橋脚の場合を例とするならば，この章の計算例より図 **3.15** に示すようなねじりモーメントの影響が大きい載荷の場合の方が理論の適用に合っていると推定できる．
2) 第2章の理論は力の釣合い条件および材料の特性を考慮して誘導されているので，ひずみの適合条件は必ずしも考慮されていないので，鋼材量がOver-reinforcement の場合には安全率について検討が必要なことになろう．

● ― 参考文献

1) 土木学会：2002 年制定 コンクリート標準示方書［構造性能照査編］, pp.58–93
2) 河村貞次, 中嶋清実, 飯坂武男：鉄筋コンクリートの基礎理論, 現代工学社, pp.56–64, 80, 91–109, 125–143, 160–163, 1998
3) 猪又 稔：コンクリート橋の設計と計算, 工学出版, pp.59–179, 2001
4) 西山啓伸：米神橋の設計と施工について, プレストレストコンクリート, Vol.2, No.6, pp.64–73, 1960
5) 吉川弘道：鉄筋コンクリートの解析と設計 (限界状態設計法の考え方と適用), 丸善, pp.67–165, 2000
6) 日本道路協会：道路橋示方書・同解説, I 編 pp.1–82, III 編 pp.107–210, IV 編 pp.173–293, V 編 pp.1–107, 148–190, 210–221, 2002.3
7) 青木重雄, 平野嘉菊, 平原 勲：土木構造物設計計算例シリーズ⑤, 直接基礎および橋台・橋脚の設計計算例, 山海堂, pp.144–194, 1973
8) 岡 文治, 平原 勲：直接基礎および橋台・橋脚の設計計算例, 山海堂, pp.137–257, 1999
9) 秋元秦輔, 箕作光一, 鈴木素彦, 一桝久允, 横溝幸雄：土木構造物設計計算例シリーズ②, プレストレストコンクリート上部構造の設計計算例, 山海堂, pp.171–230, 1998
10) 泉 満明, 近藤明雅：新版橋梁工学, コロナ社, pp.183–204, 2000

第5章 ねじり関連設計資料

　組合せ力を受ける実際の構造物およびその設計計算については，第1章の各種構造物と第4章における計算例ですでに説明を行ってきた．しかし，実際の設計の際しては，種々の問題に当面する．例えば，学会の示方書などの規定では該当する条文がなく取り扱うことのできない問題，詳細部の設計など数え切れないほど存在するものである．ここではこれらの中で一般に資料が少なく，調査に多少手間がかかる，ねじりに関するコンクリート部材の性質に関連した研究結果などの資料から設計に適用できるものを抽出し，実用設計に利用できるように分類して，さらに簡単な解説を加えて述べる．

―― コンクリート部材に適用されるねじり理論

　コンクリート部材のねじり挙動に関する研究は20世紀の初頭から行われてきた．20世紀の前半までの研究はその数も少なく弾性理論を基本として行われてきた．それらの結果から，ひび割れ発生前については，弾性理論が適用できる．しかし，鉄筋コンクリートのひび割れ発生後および終局強度について弾性理論は全く無力であることが明らかとなってきた．したがって，新しい理論が期待されていた．第2次大戦後，戦後の復興，さらに，コンクリートの品質向上による構造物の建設量の増大，建設技術の進展による大型化，さらに，地震による災害の反省からコンクリート部材の設計におけるねじりモーメントの重要性が増大してきた．これらの背景から，20世紀の前半の研究を基礎として新たなこの面での進展が始まった．

　20世紀の後半に提案されこの面での基本となる理論が2つあり，それは，斜め曲げ理論と圧縮場理論である．

　斜め曲げ理論はソビエトの研究者Lessig[1]などによって提案されたもので，図5.1に示す破壊面を仮定するものであり，無筋，鉄筋，プレストレストコンクリート部材のねじり破壊の状態をかなり忠実に表しているものであろう（グラビア参照）．コンクリート部材の補強および載荷状態によると破壊荷重の算定値を精度高

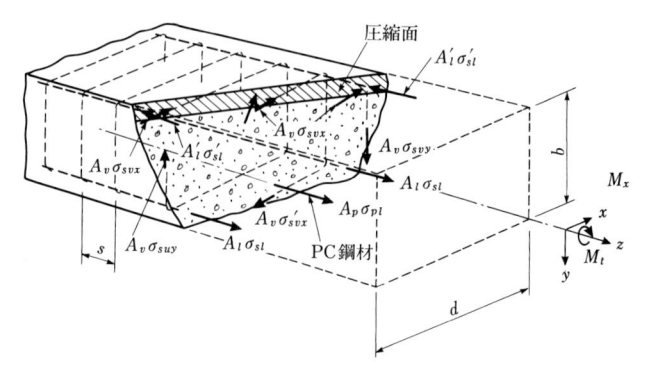

図 5.1 斜め曲げ理論の仮想破壊モード [1], [2]

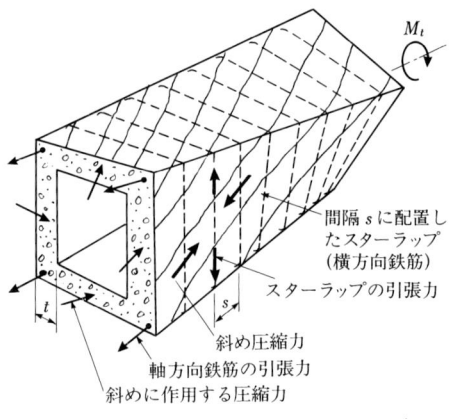

図 5.2 立体トラスモード（圧縮場理論）[3]

く推定できる．さらに，図から推定できるように，ねじりと曲げの組合せの状態について破壊荷重の算定式の誘導が容易であるし，さらにせん断の組合せにも適用可能と思われる．この理論による研究は国内では松島，松岡らによるものがあり，米国の Hsu[2] らによってこの理論は進展し ACI 基準にも影響を与えた．

圧縮場理論はカナダの Collins によって提案されたもので，鋼桁の設計方法でウェブの引張場理論がヒントとなって，コンクリート圧縮斜材を仮定した一種のトラス理論とも言える．この理論はねじりひび割れの発生したコンクリート部材（グラビア参照）を図 5.2 に示すような立体的なトラスと想定して圧縮場理論を適用するものである．この理論はねじりの問題のほかにコンクリート部材のせん断，平板部材の面内力の解析にも適用されその汎用性が確かめられている．1970年代

の後半からは，斜め曲げ理論に代わりこの理論が適用される研究が多くなった．この理論による国内の研究は泉[3]，長滝，岡本，佐伯らのものがある．

　この理論に基づいた算定式が各国の設計基準に採用されてきている．土木学会のコンクリート標準示方書のねじり算定式は圧縮場理論によるものである．この理論は図からわかるように組合せ力に対する検討には第 2 章に示すように多少の工夫が必要となる．

　コンクリート部材のねじりに関する各国の設計基準は，上述のように，ACI 基準は斜め曲げ理論によっている．CEB の基準は立体トラス理論により，BSI-CP110 (英国) の基準は塑性理論に基づいているものと思われる．しかし，いずれの基準も実際の適用を容易にするためと，基礎理論の欠陥を補正するために設計式は変形されているので基本とした理論は明確にわからないが，それぞれ特徴がある．

　筆者の研究によると，斜め曲げ破壊と立体トラス破壊モードはねじり実験において，コンクリート部材の鋼材の補強量とねじりと曲げの作用比率等により変化するものである．このようなことからどちらか一方の理論で統一するには多少無理があると推定され，特に研究においてはこの両破壊理論を組み合わせることが重要と考える．この面での研究の進展が望まれるものである．

5.1　鉄筋コンクリート部材のねじり強度[3]

　ねじり強度 (M_{tu}) については，土木学会コンクリート標準示方書の 6 章に示されている式 (6.4.2-14) が一応の基本となっているが，精度を高める必要がある場合には力の釣合いとひずみの適合条件さらに使用材料の特性を考慮して誘導された式 (5.1) の適用の方が望ましい．この式は長方形断面に関するもので，立体トラス理論を基本としたものである．

(1) 長方形断面

$$M_{tu} = 2A_m \sqrt{\frac{C_1'' A_v \sigma_{svy}}{s} \frac{A_l \sigma_{sly}(1+C_5)}{C_2 + C_3}} \tag{5.1}$$

ここで，A_m：せん断流の中心線で囲まれた面積，C_1''，C_2，C_3，C_5：ねじりひび割れ発生後の係数（長方形断面で短，長辺の比率が 1 : 1.5 程度までの場合，$C_1 = 1$，$C_5 = 1$，$C_2 + C_3 = (d - t_x)$），A_v，A_l：横方向，軸方向鉄筋の断面積，

σ_{svy}, σ_{sly}：横方向，軸方向鉄筋の降伏応力度，s：横方向鉄筋の軸方向配置間隔，t_x：圧縮斜材の厚さ，d, b：長方形断面の長辺，短辺の長さ

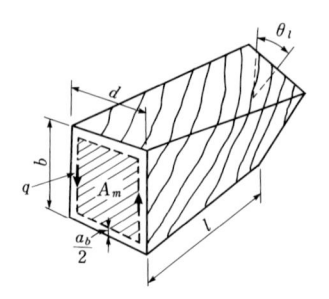

図 **5.3** コンクリート断面における A_m および a_b

A_m を決めるためには，コンクリート圧縮斜材の有効厚さ a_b は（図 **5.3** 参照），

$$a_b = \frac{1}{\beta_1 k_3 \sigma_{ck}} \left\{ \frac{A_v \sigma_{sly}(1+C_5)}{C_2+C_3} \right\} \tag{5.2}$$

ここで，β_1, k_3：コンクリートの曲げ圧縮応力ブロックに関する係数，σ_{ck}：コンクリート圧縮強度

(2) 正方形断面

正方形では式 (5.1) および (5.2) における係数，$C_1=1$, $C_5=1$, となり，

$$M_{tu} = 2A_m \sqrt{\frac{A_v \sigma_{svy}}{s} \frac{A_l \sigma_{sly}}{d-t_x}} \tag{5.3}$$

$$a_b = \frac{1}{\beta_1 k_3 \sigma_{ck}} \left\{ \frac{A_v \sigma_{svy}}{s} + \frac{A_l \sigma_{sly}}{d-t_x} \right\} \tag{5.4}$$

となる.

(3) 円形断面 [4]

$$M_{tur} = 2A_m \sqrt{\frac{A_l \sigma_{sly}}{\pi D_m} \frac{A_v \sigma_{svy} \cos \xi}{s}} \tag{5.5}$$

ここで，M_{tur}：円形断面のねじり強度，A_m：せん断流の中心線で囲まれる面積，σ_{sly}, σ_{svy}：軸方向，横方向鉄筋の応力度，A_l, A_v：軸方向，横方向鉄筋の断面積，D_m：せん断流中心線の直径，s：横鉄筋の軸方向間隔，ξ：横方向鉄筋の軸直角方向との角度

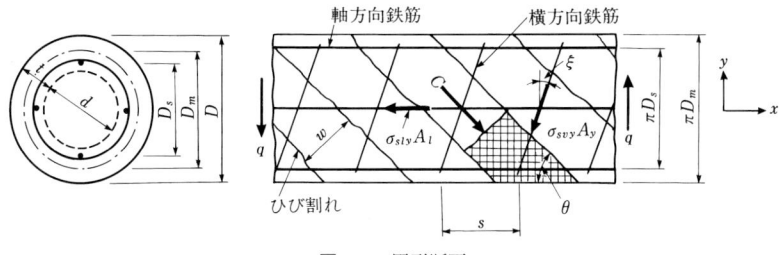

図 5.4 円形断面

式 (5.4) の a_b と同様に円形断面の場合の値は,

$$a_b = \frac{1}{\beta_1 k_3 \sigma_{ck}} \left\{ \frac{A_l \sigma_{sly}}{\pi D_m} + \frac{A_v \sigma_{svy} \cos \xi}{s} \right\} \tag{5.6}$$

となる.

5.2 プレストレストコンクリート部材のねじり強度[3]

PC 部材のねじり強度は,ねじりひび割れ発生後である.したがって,プレストレス導入量に直接関係がなく,PC 鋼材量が強度に関連する.通常の場合プレストレストコンクリート部材は部材軸方向にプレストレスが与えられるので,PC 鋼材は一般に軸方向のみに配置されている.したがって,PC 部材のねじり強度は軸方向鉄筋に図 5.5 に示すように PC 鋼材を加えたものを算定式とする.

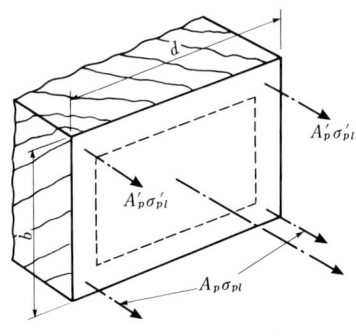

図 5.5 PC 鋼材の軸方向力

$$M_{tup} = 2A_m \sqrt{\frac{C_1'' A_v \sigma_{svy}}{s} \frac{(A_l \sigma_{sly} + A_p \sigma_{ply})(1+C_p)}{C_2 + C_3}} \qquad (5.7)$$

ここで，M_{tup}：プレストレストコンクリート部材のねじり強度，A_p, σ_{ply}：軸方向 PC 鋼材の断面積，応力度，C_p：PC 鋼材に関する定数，

$$C_p = \frac{A_l' \sigma_{sl}' + A_p' \sigma_{pl}'}{A_l \sigma_{sl} + A_p \sigma_{pl}}$$

A_p, A_p'：PC 鋼材の下，上側の断面積，$\sigma_{pl}, \sigma_{pl}'$：PC 鋼材の応力度の下，上側

5.3 SRC（鉄骨鉄筋コンクリート）部材のねじり強度 [3)]

SRC 部材のねじりに対する設計には，鉄骨を鉄筋に換算して鉄筋コンクリート部材として設計する方法と，鉄筋コンクリートと鉄骨の各々のねじり強度を累加する 2 つの方法がある．部材中に埋め込まれた鉄骨の形状によりその設計方法を変える必要があり，鉄骨が開断面の場合は，鉄骨を鉄筋に換算する，閉断面あるいは近似的に閉断面の場合は裸鉄骨のねじり強度と鉄筋コンクリートの強度の和として設計できる．すなわち，通常の鉄筋コンクリート部材設計式の適用と，式 (5.8) で示される累加強度方式の適用がある．

$$M_{tsru} = M_{tru} + M_{tsu} \qquad (5.8)$$

ここで，M_{tsru}：SRC 部材のねじり強度，M_{tru}：鉄筋コンクリート部材のねじり強度，M_{tsu}：鉄骨のねじり強度

図 5.6 に開断面と閉合断面鉄骨を使用した SRC 部材断面の例を示した．この図より明らかなことは，(a) は閉合断面を形成しているので鉄骨自体でねじり抵抗が期待できる．しかし，(b) の開断面では，ねじり抵抗は期待できない．したがって，前者では式 (5.8) が適用でき，後者では鉄骨は軸方向鉄筋に換算して設計を行うことが妥当と思われる．図 5.7 に示す鉄骨断面の例は完全な閉断面ではないが計算上閉合断面と仮定可能である．

ねじり補強に対する鉄骨の効果は一般に高くはないが，曲げ，せん断に対しては鉄骨は有効で，部材の靭性に大きく寄与するものである．

(a) 閉合断面鉄骨の例　　(b) 開断面鉄骨の例

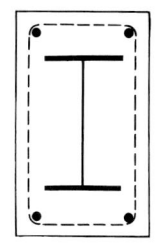

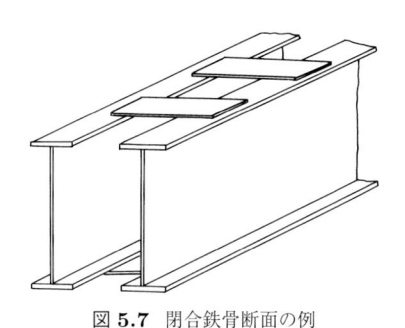

図 5.6　SRC 部材断面

図 5.7　閉合鉄骨断面の例

5.4　繊維補強コンクリート部材のねじり強度[5]

　繊維補強コンクリートはコンクリートの強度を繊維によって補強したものである．しかし，鋼繊維補強コンクリートの場合には，コンクリートの強度は増加するが，合成樹脂が混合されたコンクリートの強度は必ずしも改善されない．したがって，現段階では鋼繊維コンクリートによるコンクリート部材のねじり強度について記述するものである．コンクリート部材のねじり強度はコンクリート引張強度に支配され，これは主に鋼繊維のある限度までの混合量，繊維の形状（アスペクト比 $= l_f/d_f$, l_f, d_f：鋼繊維の長さ，直径），鋼繊維とコンクリートの付着強度に支配される．各研究により以下のような式が鋼繊維コンクリート部材のねじり強度として提案されている．

　長方形断面

$$M_{tuf} = 1.67(x^2 + 10)y^3\sqrt{f_{ct}^2} \tag{5.9}$$

ここで，M_{tuf}：繊維補強コンクリート部材のねじり強度，x, y：断面の短辺，長辺，f_{ct}：コンクリートの引張強度

円形断面

$$M_{tuf} = \frac{\pi D^3}{16}(1+\alpha_f)f_{ct}$$
$$\alpha_f = k_f \left(\frac{l_f}{d_f}\right)^{3/2} V_f \tag{5.10}$$

ここで，k_f：定数 0.067，α_f：鋼繊維のアスペクト比，V_f：鋼繊維の混合比（体積比），D：直径

5.5 ねじり剛性

この値は構造中における部材のひび割れ発生後の荷重分配に重要な役割を果たすものである．ここでは，以下に式を示す．特に重要なことは，図 5.8 に示すようにひび割れ発生前後のねじり剛性の比率である．

$$G_c K_{cr} = 0.021 p_t GK \tag{5.11}$$

ここで，p_t：ねじり補強鋼材比

式 (5.11) は Hsu[2] による実験結果による近似式である．その後，円形断面および長方形断面に関して式を提案している．式 (5.12) は Lampert[6] が提案したものである．

$$G_c K_{cr} = \frac{E_s (b_0 h_0)^2 A_h}{us}(1+m) \tag{5.12}$$

ここで，G_c：コンクリートのせん断弾性係数，K_{cr}：ひび割れ後のねじり剛性係数，E_s：鉄筋のヤング係数，b_0, h_0：長方形スターラップの短，長辺の長さ，A_h：スターラップ鉄筋の断面積，A_l：s 間隔における軸方向全鉄筋断面積，u, s：スターラップの周長，軸方向間隔，$m = \sum (A_l \cdot s / A_h \cdot u)$

さらに，筆者は，立体トラス理論に基づくねじりひび割れ発生後のねじり剛性の算定式 (5.13) を提案している．

$$G_c K_{cr} = \frac{4 A_m}{\varepsilon_{cs} k_c \beta \sigma_{ck}} \left\{ \frac{A_{tw}\sigma_{swy}}{s} \frac{A_{tl}\sigma_{sly}(1+C_5)}{C_2+C_3} \right\} \tag{5.13}$$

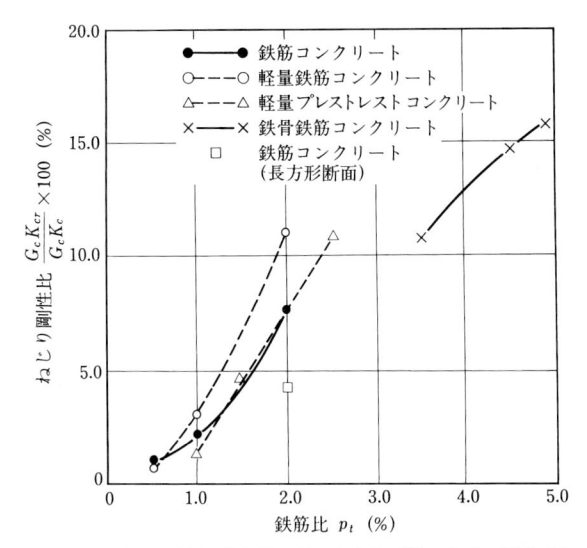

図 5.8 ねじりひび割れ発生前，後のねじり剛性の比較（計算値）

ここで，ε_{cs}：コンクリートの終局ひずみ，k_c, β：コンクリートの圧縮ブロックの係数，σ_{ck}：コンクリート強度，A_{tw}, A_{tl}：横，軸方向鉄筋断面積，σ_{swy}, σ_{sly}：横，軸方向鉄筋降伏応力，C_2, C_3, C_5：断面寸法および鉄筋配置量に関する係数で，通常の長方形断面では，$C_2, C_3 = 4/5 \cdot d$ (d：断面の長辺の長さ)，$C_5 = 1.0$

式 (5.12)，(5.13) は適用範囲が広いものと推定される．

以上の資料から一般的なねじり補強筋量の場合にはひび割れ発生後のねじり剛性はひび割れ発生前の10%以下と推定できる．このことは，ねじり剛性を考慮した不静定構造物の設計において，ひび割れ発生後のモーメントの分布がひび割れ発生前と相当に異なることを示している．ひび割れ発生前後の曲げ剛性低下率と比較しても相対的に低いと想定される．

CEB-FIP (1990) の規定によると，コンクリートのクリープによる影響も考慮した式が提案され，

$$K_{\text{I}} = 0.30 E_c C/(1+1.0\phi) \tag{5.14}$$

$$K_{\text{II}\,m} = 0.10 E_c C/(1+0.3\phi) \tag{5.15}$$

$$K_{\text{II}\,t} = 0.05 E_c C/(1+0.3\phi) \tag{5.16}$$

ここで，K_I：コンクリートの非線形応力状態（ひび割れ発生前）のねじり剛性，
$K_{II m}$：ひび割れ発生後のねじり剛性，$K_{II t}$：ねじりとせん断ひび割れ発生後のねじり剛性，E_c：コンクリートのヤング係数，C：ひび割れ発生前のねじり剛性，ϕ：長期載荷荷重に適用するクリープ係数

が示されており，せん断とねじりの組合せの場合にはねじり剛性が5%に低下することになっている．

以上，ひび割れ発生後のねじり剛性の低下は非常に大きいことがいずれの文献にも示されている．

構造物の立体的解析の場合にはこの剛性低下は構造物設計上重要なポイントとなる．

5.6 ねじり補強釣合い鉄筋比 [3)]

曲げ補強鉄筋量と同様にねじり補強鉄筋量にも釣合い鉄筋比が存在する．これは曲げの場合と同様に鉄筋の強度とコンクリート強度に関連するものであるが，鉄筋は軸方向のみならず横方向についても釣合い鉄筋比が考慮される必要がある．さらに，図5.9に示すように軸方向鉄筋に関する釣合い鉄筋比と横方向のものとがあり，軸，横方向の両方向に対する過鉄筋比（Over-reinforcement）も存在する．

軸方向釣合い鉄筋比：

$$p_{lb} = \frac{\sigma_{ck}}{\sigma_{sly}} \frac{\beta k_c (C_3 + C_2)}{u_0(1+C_5)\left\{2\dfrac{\varepsilon_l}{\varepsilon_{cs}}C_4 + (2-\beta)\right\}} \tag{5.17a}$$

横方向釣合い鉄筋比：

$$p_{vb} = \frac{\sigma_{ck}}{\sigma_{svy}} \frac{\beta k_c C_1''}{2\left\{\dfrac{\varepsilon_v}{\varepsilon_{cs}} + \dfrac{u_0}{u}\left(1 - \dfrac{\beta}{2}\right)\right\}} \tag{5.17b}$$

ここで，u_0, u：せん断流の周長，横方向鉄筋の全長，p_l, p_v：軸および横方向鉄筋比，$\varepsilon_{cs}, \varepsilon_l$：コンクリート，横方向鉄筋のひずみ，$C_1'', C_2, C_3, C_4, C_5$：断面形状，鉄筋の配置に関する係数

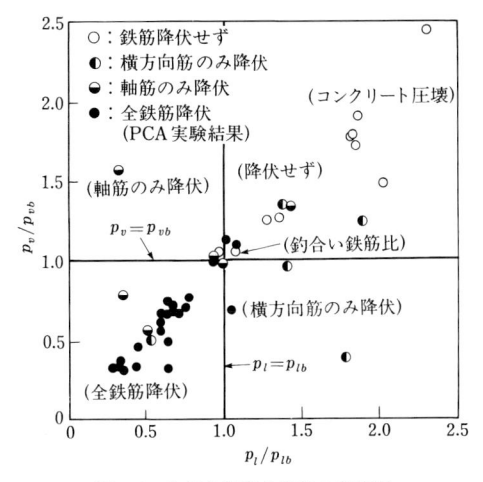

図 5.9 ねじり補強鉄筋比の説明図

長方形断面で断面の上，下縁に鉄筋が均等に配置された場合についての釣合い鉄筋比の算定例を図 5.10 に示す．

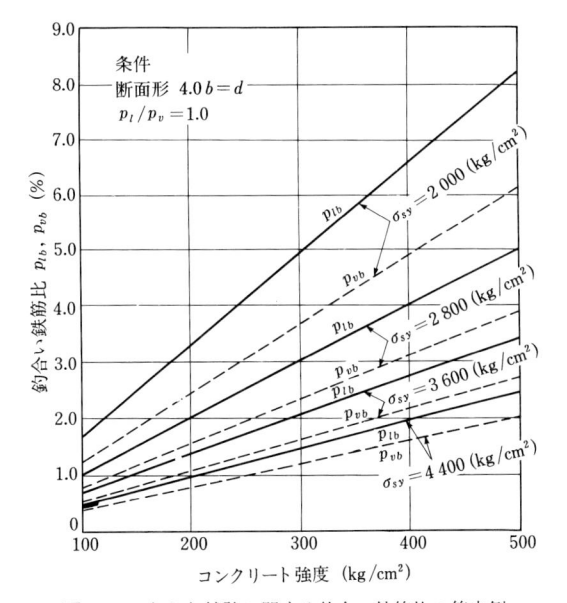

図 5.10 ねじり補強に関する釣合い鉄筋比の算定例

5.7 各種断面形のねじり設計有効断面積[7]

コンクリート部材のねじり強度の算定で重要なものは A_m であり，理論的にはコンクリート強度，ねじり補強鉄筋量等に関連し式 (5.2) により算定されるものである．しかし，通常の設計では，図 5.11 に示すように横方向鉄筋の中心線で囲まれた面積を A_m と仮定する．一般にこの仮定による算定値は 10～20%程度の過大値を与えると推定されることに留意しなければならない．ねじりが設計上主要な要素である場合には，文献 3), 4) 等に示された理論式を算定に用いるのが望ましい．

ねじりの各設計式は長方形が基本となっている．一般の構造部材には，I, T あるいは箱形断面が使用されることが多い．ここでは，これらの部材の設計について留意する点について記述する．

(1) ねじり有効断面積

T 形断面：T 形断面を長方形に分割して各長方形のねじりに対する性質を合計したものを適用する．フランジ有効幅はフランジ厚さの 3 倍である．

I 形断面：T 形断面と同様である．

円形断面：フープ筋（横方向鉄筋）中心線の内側の面積．文献 4) を参照．

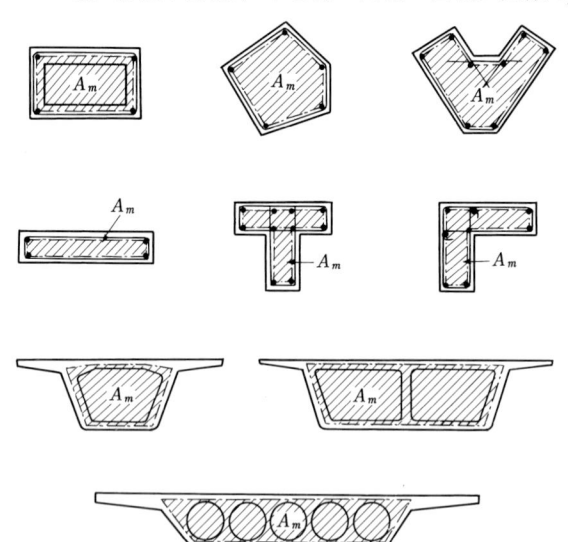

図 5.11 各種断面形のねじり有効抵抗断面積

5.8 有孔梁のねじり挙動と補強[8]

建築構造において配管の関係から，桁のウェブに孔を開ける場合がある．孔の周辺には補強鉄筋が配置されているが，孔の大きさと桁あるいはウェブの寸法との比率の関連でねじり強度が左右される．

ねじり強度の算定は，斜め曲げ理論に基づいている場合が多い．この理論を適用する場合には，図 **5.12** に示すように，破壊の第 1 モード（部材の上側に圧縮部が存在），第 2 モード（部材の側面に圧縮部が存在），第 3 モード（部材の下側に圧縮部が存在する．これは第 1 モードと類似である．ただし，引張鉄筋量が第 1 モードと異なる）が存在する．孔の周囲の補強配筋例を図 **5.13** に示す．

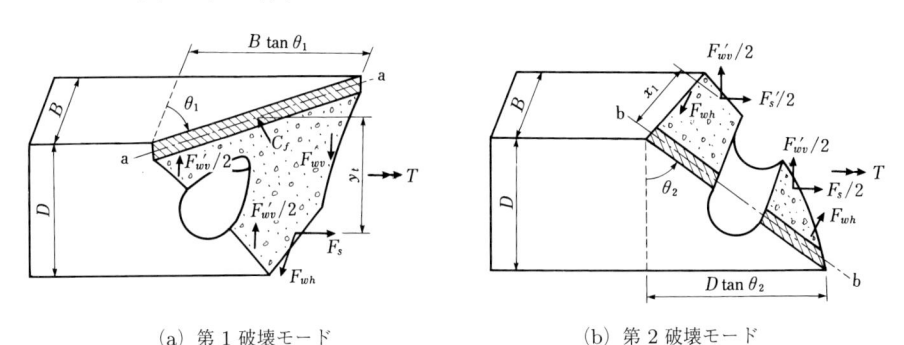

(a) 第 1 破壊モード　　(b) 第 2 破壊モード

図 **5.12**　斜め曲げ仮想破壊面

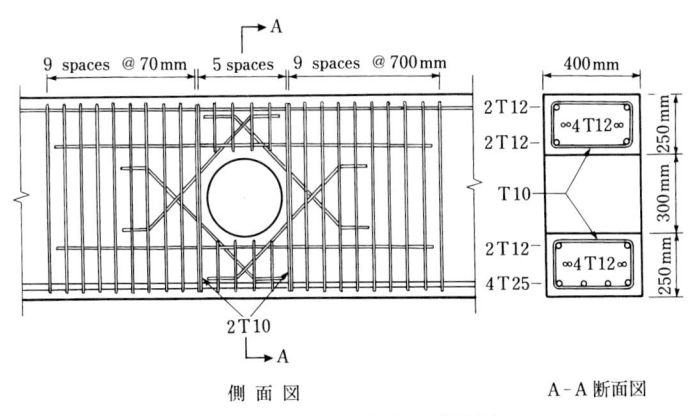

図 **5.13**　有孔梁の孔周辺の補強例

5.9 プレキャスト部材の目地部のねじり強度 [9]

プレキャスト部材を接合して構造物を建設する場合，力の伝達のために目地部にキーを配置し，エポキシ樹脂による接着が行われ，さらにプレストレスが与えられている．目地を有するプレストレストコンクリート部材の曲げあるいはせん断強度についての研究はかなりの数になる．しかし，ねじりに関する研究は少ない．ここに述べる結論は大型の目地を有する箱形供試体に関するねじり試験である．

ひび割れ発生から終局ねじりモーメントにいたる間の挙動については，供試体の目地部の構造，導入プレストレス量によりかなり異なる．以下に一体打設の部材と差異のない挙動をするために必要とする条件を示す．

a) 平均あるいは偏心プレストレス $40\,\mathrm{kg/cm^2}$ を導入し，キーの配置および樹脂接着を行った場合．

b) 平均あるいは偏心プレストレス $60\,\mathrm{kg/cm^2}$ を導入し，キーの配置あるいは目地の樹脂接着を行う場合．

実際のプレストレストコンクリート部材には，平均的には $60\,\mathrm{kg/cm^2}$ 程度のプレストレスが一般に導入されているので b) の条件となっていると推定できる．

5.10 ねじりひび割れ幅 [10]

ねじりによりコンクリート部材に発生するひび割れは，曲げによるものと異なり，ねじり回転によりひび割れ間の相互のずれが生じ，除荷してもその残留ひび割れ幅は曲げの場合より一般に大きい．例えば，プレストレストコンクリートの曲げひび割れは，荷重の大きさにもよるが除荷後はほとんど残留ひび割れは存在しないこともある．しかし，同じ応力レベルにおいても，ねじりひび割れの場合は，ひび割れ相互のずれのため，かみ合いが外れて残留ひび割れが相当に残る．このような性質があるために，構造物の耐久性の面から注意が必要である．

一般に，ねじりによるひび割れ幅は，曲げの場合と同様，ひび割れ間隔，ひび割れを横切る鉄筋のひずみ，補強鉄筋量，作用応力等に関連がある．Regan は，実験的研究の結果から，ねじりひび割れ幅の算定の式として，

純ねじりに関して，

$$W_{\max,t} = \frac{0.625 M_t s^2}{10^4 b_0 d_0 A_{tw} \sigma_{ck}^{0.33}} \tag{5.18}$$

せん断とねじりの組合せに関して,

$$W_{\max,t} = \frac{0.5 s^2}{10^4 \sigma_{ck}^{0.33}(A_{tw} + A_v)} \left(\frac{M_t}{0.8 b_0 d_0} + \frac{V - V_c}{d'} \right) \tag{5.19}$$

ここで,$W_{\max,t}$:最大ひび割れ幅,M_t,V:ねじりモーメント,せん断力,V_c:コンクリートが分担するせん断力,A_{tw},A_v:ねじり,せん断に対するスターラップの断面積,b_0,d_0:スターラップの短辺,長辺の長さ,σ_{ck}:コンクリートの圧縮強度,d':有効高さ,s:スターラップ間隔

を提案している.

上式から明らかのように,ひび割れ幅は横方向鉄筋(スターラップ)量に関連して示されているが,軸方向鉄筋にも関連がある.式 (5.18),(5.19) は実験式であるため,構造物の設計に適用する場合には,十分に検討する必要がある.

Hsu の意見では,ねじりのひび割れ幅はせん断ひび割れと類似のものとしてせん断ひび割れで置き換えられるとしている.ここでは CEB-FIP 基準に示されたせん断ひび割れ幅についての式を示す.

$$w_k = 1.7 k_w \varepsilon_{tm} s_{crm} \tag{5.20}$$

ここで,w_k:ひび割れ幅,ε_{tm}:横方向鉄筋の平均ひずみ,s_{crm}:ひび割れの平均間隔,k_w:1.2 は鉛直スターラップ,0.8 は角度 $\beta = 45°\sim 60°$ のスターラップ.

$$\varepsilon_{tm} = \frac{f_y}{E_s}\left\{1 - \left(\frac{V_c}{V_{se}}\right)^2\right\} > 0.4 \frac{f_v}{E_s}$$
$$f_v = \frac{s(V_{se} - V_c)}{A_v d(\sin\beta + \cos\beta)} \tag{5.21}$$

ここで,V_{se}:荷重載荷によるせん断力,$V_c = 0.133(f_c)^{2/3} b_w d$,$f_y$,$f_v$:鋼材の降伏応力,スターラップ応力,$s$:スターラップ間隔,$A_v$:スターラップ断面積,$\beta$:スターラップの軸方向との角度

$$s_{crm} = 2\left(c + \frac{s}{10}\right) + k_1 k_2 \frac{d_b}{\rho} = \frac{d-x}{\sin\beta}$$

ここで,c:かぶり,s:鉄筋の間隔($s = 15 d_b$ で制限),d_b:鉄筋の直径,$\rho = A_s/A_{c,ef}$,$A_{c,ef}$:CEB-FIP の基準に定義された断面のコンクリート有効断面,A_s:

$A_{c,ef}$ の中に含まれる鉄筋断面積，k_1：異形鉄筋に対して 0.4，丸鋼に対して 0.8，k_2：曲げに対して 0.125，純引張に対して 0.25，x：ひび割れ断面における圧縮部の厚さ

式 (5.20) で算定されるひび割れ幅は環境条件によるが，CEB の規定では，0.1 mm から 0.4 mm に制限されている．

レオンハルト[11] の文献の中でシェリングはねじりひび割れ幅の制限として鉄筋配置形式とその間隔 (e) との一応の目安として**表 5.1** を提案している．

表 5.1 鉄筋配置形式，その間隔とひび割れ幅

ひび割れ幅 w_{90}	0.4	0.2	0.1	mm	e
スターラップ 90° 軸方向鉄筋 0°	12	8	5	cm	
スターラップ 45°	25	20	10	cm	

5.11　クリープによる影響（持続ねじりモーメント作用）[12]

これは，ねじり剛性と同様に長期にわたる部材間の荷重分配に関連し，構造部材の長期変形の予測に重要なものである．この面での研究はあまり多くないが，Pandit，Sharma らによる，無筋，鉄筋，プレストレストコンクリートの小型部材による実験的研究では，部材に持続して作用するねじりモーメントと回転角の関係は図 **5.14** に示すものとなっている．

理論的な研究としては，I. Karlsson などによるクリープの影響を考慮したひび割れ発生後のねじり剛性 (K_T^{cp}) 算定式が式 (5.22) として提案されている．この式は実験結果と比較して良い近似値を与えるとされている．

$$K_T^{cp} = \frac{E_c x_1 y_1^3}{\dfrac{1+\alpha}{\rho_t n} + 10\alpha(1+\alpha)(1+\phi(t)) + \dfrac{(1+\alpha)^2}{\rho_l n}} \quad (5.22)$$

ここで，E_c：コンクリートのヤング係数，x_1, y_1：スターラップの短，長辺の長さ，t：経過時間，$n: E_s/E_c$，$\alpha: y_1/x_1$，$\rho_t = 2A_t(x_1+y_1)x_1 y_1 s$，$A_t$：閉合スターラップ 1 本の断面積，$s$：スターラップの間隔，$\rho_l = \dfrac{4}{1/\rho' + 1/\rho}$，

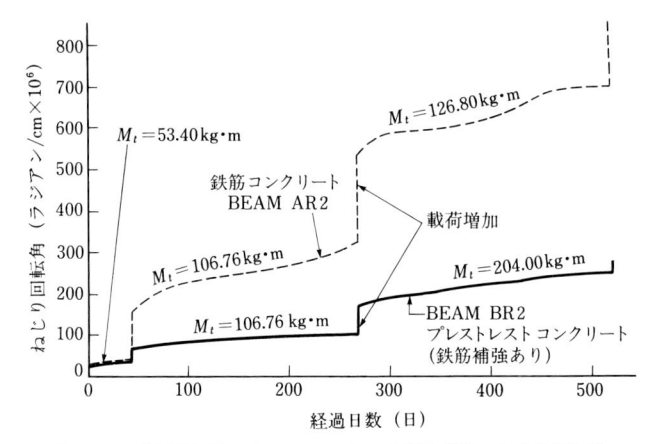

図 5.14 持続作用ねじりモーメントの時間と部材のねじり回転角

$$\rho = A_s/x_1y_1,\ \rho' = A'_s/x_1y_1,\ A_s,\ A'_s:断面下側,\ 上側の軸方向全断面積,\ \phi:クリープ係数$$

研究の結論として，図 5.14 を参考として，
1) ねじり終局強度に関して，持続ねじりの影響は無視できる．
2) 一定のねじりモーメントの載荷の下では，ねじり回転は時間とともに増加するが，ある一定値に漸近していく．
3) プレストレストコンクリート部材の方が，RC 部材と比較して時間に関連するねじり回転角の増加は少ない．これは，使用コンクリートの品質にも関連があると推定できる．

以上の3点が示されている．

5.12 部材の結合部（隅角部）の応力分布と設計 [13]

ラーメン構造が面外荷重（水平力）を受けた場合の結合部（隅角部）は図 5.15 に示すように曲げモーメントがねじりモーメントに変化するなど，応力が複雑に分布する部分である．したがって，補強方法も複雑で補強鉄筋の配置は非常に多くなる．

図 5.16 に示す結合部の応力分布は，光弾性による実験結果を示したものであり，コンクリート部材ではひび割れ発生前の状況である．面内荷重の場合と同様

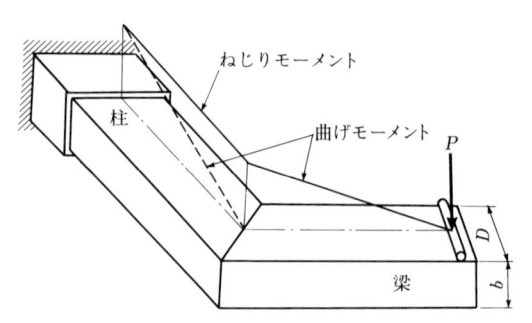

図 5.15 供試体と載荷状況

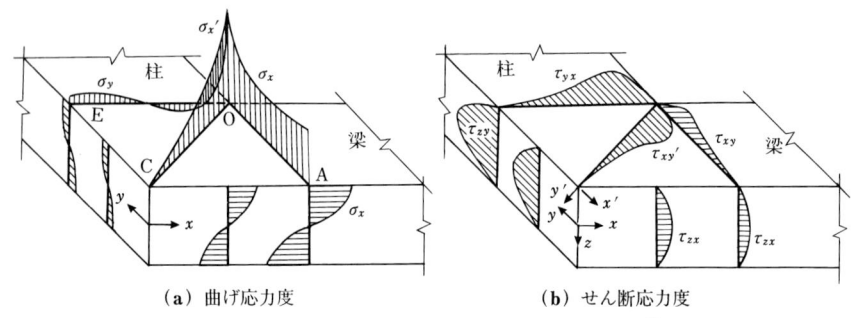

(a) 曲げ応力度　　　**(b)** せん断応力度

図 5.16 隅角部の曲げおよびせん断応力度の分布 [13]

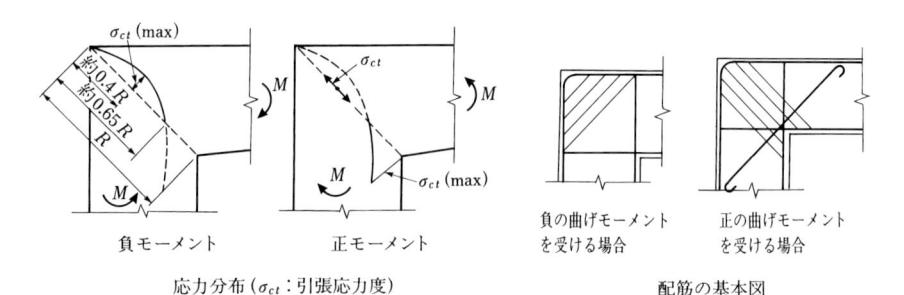

応力分布 (σ_{ct}：引張応力度)　　　配筋の基本図

図 5.17 面内荷重による接合部における応力分布と配筋

に，隅角の内側の隅には集中応力が発生している．ひび割れ発生後の状況は相当に変化するものと想定されるが，一応の目安として役立つものであろう．

実際の構造物ではこれらの影響に図 5.17 に示す面内荷重による隅角の応力を追加しての検討が不可欠であり，荷重作用が 3 次元であり，補強も 3 次元の応力分布を考慮して検討を加えなければならない．

5.13 ねじり疲労

　コンクリート部材に関する疲労性状についての研究は，1903年頃から無筋コンクリート部材を対象に始まり，その後，鉄筋コンクリート部材等について，広範囲に行われてきている．しかし，研究の対象は曲げ挙動に関するものが多く，ねじりモーメントを受ける場合についての研究は極めて少ない．この面の研究は，国内では松島，児島らによって行われている．

　図 5.18 に児島[14)]による研究結果を示した．各種の部材について行われ，鉄筋コンクリート部材については，1 000 万回の疲労強度は静的載荷強度の約 47% となっており，同時に行われた無筋，プレストレストコンクリート部材の疲労強度 56〜53% と比較して多少低い値を示している．

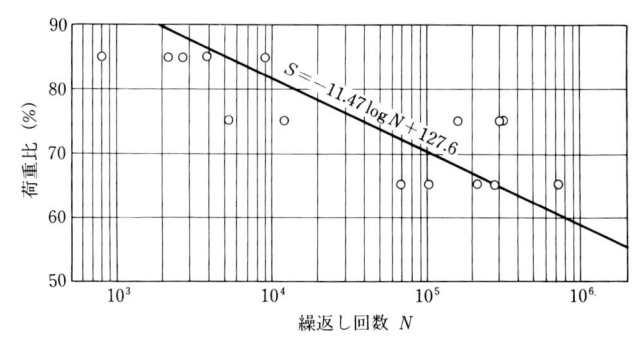

図 5.18 鉄筋コンクリート部材の荷重比と繰返し回数 N との関係

　無筋コンクリートに関するねじりを含む組合せ力についての研究は，実用的な面からの有用性が低いため現在のところ研究がなされていないものと推定される．

● ― 参考文献

1) Lessig, N. N. : Détermination de la résistance des éléments a section réctanguaire en béton armé, suumis à l'action simultanée d'une flexion et d'une torsion, Traduit du russe selon (Betoni Zhelezobeton), No.3, pp.22–25, 1959
2) Hsu, T. T. C. : Torsion of Structural Concrete—Behavior of Reinforced Conctrete Rectangular Members, Torsion of Structural Concrete, Journal of the American Concrete Institute, SP-18, pp.261–306, 1968
3) 泉　満明：ねじりと曲げの組合せモーメントを受けるコンクリート部材の設計法に関する研究，博士論文，pp.33–96, 142, 1981.3

4) 泉　満明：円形断面を有するコンクリート部材のねじり強度，プレストレストコンクリート，No.5, pp.69–77, 1996
5) Nanni, A. : Design for Torsion Using Steel Fiber Reinforced Concrete, ACI Materials Journal, pp.556–564, Nov.–Dec. 1990
6) Lampert, P. : Postcraking Stiffness of Reinforced Concrete Beams in Torsion and Bending, ACI, SP-35, pp.385–433, 1973
7) Park, R. et al. : Reinforced Concrete Structures, Wiley-Interscience, pp.361, 1975
8) 谷　吉雄：鉄筋コンクリート有孔梁の捩り抵抗について，日本建築学会論文報告集号外, pp.21–26, 1965.9
9) 泉　満明，阿部源次，中条友義：目地を有するPC部材のねじり強度，プレストレストコンクリート，Vol.31, No.2, pp.16–22, 1989
10) Regan, P. E., et al. : Limit State Design of Structural Concrete, Chatto and Windus (London), pp.225, 1973
11) F. レオンハルト：コンクリート構造の限界状態と変形，鹿島出版会，pp.61, 1984
12) Sharma, A. K. et al. : Sustained Load Tests in Torsion, ACI Journal, pp.103–108, March–April 1980
13) 戸塚　学，津野和男，泉　満明：逆L型構造物隅角部の捩り応力についての一考察，第27回土木学会年次学術講演会概要集, pp.245–246, 1972
14) 児島孝之，坂　正行：コンクリート部材のねじり疲労性状に関する基礎的研究，第2回コンクリート工学協会年次講演会論文集, pp.125–128, 1980

付録 1 ねじりモーメント関連文献

　この章では，20世紀に行われてきたコンクリート部材のねじりに関する研究およびそれらに基づいて出版された書籍等，ねじりを受けるコンクリート部材の設計に利用できる情報を項目別に分類して示すこと，さらに，最近の構造設計に有用な論文の概要を紹介し，この面の研究資料としても役立つように記述したものである．したがって，1960年代以前の研究[*]は重要と思われる以外は原則として除外した．

　構造物設計の現場では設計関連の示方書には規定のない種々の問題に当面し，それを解決しなければならない．このような場合にこの付録が問題解決に役立つヒントを提供できるのではないかと想定したものである．取り上げた書籍，研究資料類は著者がこの約30年間に集めた，手許にある250編の資料を中心に示したものである．

　これらの中で各国の設計基準類は実用設計について有用な情報を与えるものであるが，技術の進歩，新材料，新しい施工方法などを基準化するために，何年かおきに改定が行われる．したがって，その時点で前の規定は一般に役に立たなくなる．したがって，ここでは資料としての記載を避けた．なお，コンクリート関連の設計基準類として，米国のACI，ドイツのDIN，フランスのBA，ヨーロッパ連合のCEB，日本では土木学会，建築学会，道路協会，JRなどの基準がある．

　以上のようなことから著者の独自の判断によりこの付録を構成した．したがって，重要な資料の欠落を恐れるものであるが，概ね齟齬がないものと考えている．

---

[*]1960年以前の論文等については，拙著「ねじりを受けるコンクリート部材の設計法，技報堂出版，1972」を参照されたい．

1. コンクリート部材のねじり設計に関する書籍

　コンクリート部材のねじりに関する設計の問題は国内外のコンクリート設計基準類に規定が行われてから，一般のコンクリート関連の書籍にも章立で記述されているものもあるが（例えば Collins による "Prestressed Concrete Basics, CPCI, 1987" の第 8 章 Torsion)，ここでは主にねじりに関連した記述がなされている書籍を紹介する．

1) Cowan, H. J. : Reinforced and Prestressed Concrete in Torsion, Edward Arnold Ltd. London, 1965
　コンクリート部材のねじりに関する研究者として有名なシドニー大学の Cowan 教授の著作である．内容としては，構造物における部材に作用するねじりモーメントの分布，ねじりモーメントに関する鉄筋，プレストレストコンクリート部材の挙動．モスクワ大学の I. M. Lyalin 教授による "Ultimate Equilibrium Method" に章を割いている．この理論は，コンクリート部材の斜めねじり破壊面に基本をおいて終局ねじり強度式を提案したもので，当時としては画期的な理論であった．コンクリートのねじりに関する当時の規定の概要を示している．195 ページ．

2) Kollbrunner, C. F. and Basler, K. : Torsion in Structures, Springer-Verlag Berlin, 1969
　弾性理論に基づいたねじりに関する問題について，純ねじり，そりねじりおよび組合せねじり，各種断面形，斜め版，格子構造，折版構造等のねじり解析を説明したもので，まさにねじりに関する弾性理論のすべてについての記述がされたものである．原著は独文．275 ページ．

3) 泉　満明：ねじりを受けるコンクリート部材の設計法，技報堂出版，1972
　構造物におけるねじりモーメント，ねじりに関する弾性および塑性理論の説明，コンクリート部材のねじり設計，コンクリート部材の終局ねじりモーメント，ねじりを受けるコンクリート部材に関する研究，当時のねじりに関する各国の設計基準の紹介等が記述されている．218 ページ．

4) 高岡宣善：構造部材のねじり解析，共立出版，1974
　弾性理論に基づいた単純ねじり，そり拘束ねじりおよび曲げ理論によるせ

ん断中心等が記述されている．152 ページ

5) Hsu, T. T. C. : Torsion of Reinforced Concrete, Van Nostrand Reinhold Company, 1984

コンクリート部材のねじりに関する著名な Hsu 教授によるもので，内容は，ねじりの弾性理論，無筋コンクリート，鉄筋コンクリート部材のねじり，ACI の規定による設計，プレストレストコンクリート部材，組合せ力に対する斜め曲げ理論，立体トラス理論，立体およびスパンドレル桁のねじり設計，となっている．515 ページ．

6) Hsu, T. T. C. : Unified Theory of Reinforced Concrete, CRC Press, 1998

前出の Hsu 教授の著作で，彼の長年にわたる研究結果の集大成である．コンクリート部材設計の統一的手法を記述したものである．トラスモデルを基本とした理論，版構造の応力，ひずみおよびねじりを中心に組合せ力を受ける部材の設計方針，さらに，コンクリートの軟化を考慮したトラス理論による部材のねじりに関する詳細な研究とその設計への適用についての記述となっている．310 ページ．

2. 研究成果報告集

コンクリート部材のねじり挙動の研究は，1960 年代から内外で盛んになり，その成果に基づいて Symposium 等が開催された．そこで発表された最新の研究が収録され，ACI の SP 等として出版されており，主なものをここに示す．

7) Torsion of Structural Concrete, ACI Publication, SP-18, 1968

1966 年に開催された ACI 年次大会のコンクリート部材のねじりに関する論文 19 編を収録したもので，当時のアメリカのこの面での水準の高さを示したものである．その内容は，コンクリート構造中のねじり，ねじり理論のコンクリートへの適用，動的ねじり挙動，コンクリート部材のねじり終局強度，せん断とねじりの組合せ等，その後の研究テーマが一応提案されている．

8) Analysis of Structural Systems for Torsion, ACI Publication, SP-35,

1973

この論文集は，ACI SP-18 と同様に ACI の 1971 年の年次大会のねじりに関連する論文 12 編を収録したものである．SP-18 と同様に，コンクリート構造中のねじりモーメントの問題を中心に，ひび割れ発生後のねじり剛性，モーメントの再分配等についての研究が収録されている．

9) Concrete Design : U. S. and European Practices, ACI-CEB-PCI-FIP Symposium, ACI Publication SP-59, CEB Bulletin 113, 1979
1976 年にフィラデルフィアで開催された ACI 年次大会で，CEB，PCI および FIP との連携でまとめられた論文集．論文の数は 22 編，内容の項目は，限界状態設計，せん断とねじり，プレストレストコンクリートの新しい適用，となっており，当時の各面での指導的研究者の論文が 346 ページに収録されている．その後の研究の方向を示した研究報告集とも言えよう．

10) ねじりを受ける鉄筋コンクリート構造物の耐荷機構とその合理的設計法の確立，研究者代表 長滝重義，1992
1989 から 1992 年の間の日本における鉄筋コンクリート，PRC 部材のねじりに関する長滝，児島，佐伯，二羽らによる 25 編の研究を収録したもの．

11) 鉄筋コンクリートばりの捩り耐力，鉄筋コンクリート終局強度設計に関する資料，35，36，37，日本建築学会，pp.156–179，1991
鉄筋コンクリート部材のねじりに関連する，強度をはじめとして組合せ力を受ける場合の挙動など主な項目について簡明に解説を加えている．

3. ねじり関連研究論文

3.1 コンクリート部材のねじり強度

12) Lessig, N. N. : Détermination de la résistance des eléments a section réctangulaire en béton armé, soumis à l'action simultanée d'une flexion et d'une torsion, Traduit du russe selon (Betoni Zhelezobeton), No.3, pp.22–25, 1959
ソビエトの研究で斜め曲げ理論の基本的論文．この理論による鉄筋コンクリート部材のねじり挙動の研究．

13) 狩野芳一：曲げと捩りを受ける鉄筋コンクリート梁の破壊機構に関する研究，明治大学科学技術研究所紀要，第 5 集，pp.81–107，1966
小型の鉄筋コンクリート供試体による実験的研究．実験結果を弾性理論，Cowan，Rausch，Lessig の提案式との比較検討を行ったものである．

14) Okada, K. et al. : Experimental Studies on the Strength of Rectangular Reinforced and Prestressed Concrete Beams under Combined Flexure and Torsion, Trans. of JSCE, No.131, pp.39–51, July 1966
長方形断面の無筋，鉄筋，プレストレストコンクリート部材が曲げとねじりの組合せ力を受ける場合に関する研究．弾性理論あるいは Cowan の提案式を基本としての研究，終局強度については累加強度的な算定法を述べている．

15) 松島 博：ねじりを受ける鉄筋コンクリート部材の設計法に関する研究，土木学会論文報告集，No.218，pp.103–112，1973
斜め曲げ理論による鉄筋コンクリート部材のねじり挙動の研究．

16) Fauchart, J. et al. : Rupture des poutres de section réctangulaire en armé ou précontraint, par torsion et flexion circulaire combinées, Annales, No.301, pp.114–139, Janvier 1973
長方形，箱，円形断面の鉄筋，プレストレストコンクリート部材のねじりと曲げの組合せ力についての挙動の実験的研究．

17) Mitchell , D. and Collins, M. P. : The Behavior of Structural Concrete-Beams in Pure Torsion, University of Toronto, Department of Civil Engineering Publication, 74-06, March 1974
斜め圧縮場理論による鉄筋コンクリート部材のねじり挙動に関する研究．斜め曲げ理論と異なった仮定に基づいた理論．その後，この面での大きな流れとなった．

18) Collins, N. P. et al. : Diagonal Compression Field Theory—A Rational Model for Structural Concrete in Pure Torsion, ACI Journal Aug., pp.396–409, 1974
斜め圧縮場理論により鉄筋コンクリート部材のねじり挙動の解析を行った初期の論文．

19) Hsu, T. T. C. : Torsion of Structural Concrete—Plain Concrete Rectangular Sections, ACI SP-18, pp.156–164, 1968
   斜め曲げ理論による無筋コンクリート部材のねじり挙動の研究.

20) Hsu, T. T. C. : Torsion of Structural Concrete Behavior of Reinforced Concrete Rectangular Members, ACI SP-18, pp.234–249, 1968
   50体の供試体を使用した斜め曲げ理論による鉄筋コンクリート部材のねじり挙動の実験的研究.

21) Swamy, N. : Prestressed Concrete Hollow Beams Under Combined Bending and Torsion, Journal of Prestressed Concrete Institute, Vol.10, No.2, pp.135–144, April 1965
   20本の箱断面の中型PC供試体での，曲げとねじりの組合せモーメントによる試験結果を検討したもので，曲げの存在はねじり強度を増大させ，プレストレスの存在はねじり回転能を高めるとしている.

22) 泉　満明：コンクリート部材の終局ねじり強度の算定と設計法に関する研究，土木学会論文報告集，No.305，pp.111–124，1981
   立体トラス理論（圧縮場理論）による鉄筋，プレストレスコンクリート部材のねじりの終局強度，釣合い補強鉄筋量，ひび割れ発生後のねじり剛性等についての研究.

23) 泉　満明：ねじりと曲げの組合せモーメントを受けるコンクリート部材の設計法に関する研究，博士論文，1981
   ねじりモーメントがコンクリート部材（無筋，鉄筋，プレストレス，SRC）に作用した場合の弾性および終局状態におけるねじり強度，変形，剛性，釣合い鋼材比，さらにねじりと曲げの組合せに関する挙動に関する理論的研究と実験結果の比較検討，コンクリート部材のねじりモーメントに対する設計法の提案.

24) McMullen, A. E. et al. : Prestressed Concrete Tests Compared with Torsion Theories, PCI Journal, pp.96–125, Sept.–Oct. 1985
   立体トラス理論と斜め曲げ理論の2つの理論による，長方形断面形のPC供試体に関する実験結果の比較検討.

25) Hsu, T. T. C. et al. : Softening of Concrete in Torsional Members-

Design Recommendation, ACI Journal, pp.290–301, May–June 1985
コンクリートのソフトニング効果を考慮した立体トラス理論による RC 部材の純ねじり挙動の研究と設計法の提案．

26) 小林明夫，小須田紀元：PC I 形けたのねじり試験報告，構造物設計資料，No.49，pp.25–30，1977
22 年経過した大型の供試体 8 本のうち 1 本による劣化とねじり剛性の関連を調べた実験的研究．ねじり挙動に関しては劣化は認められず，ねじり剛性については，サン・ベナンの近似計算法は過小と推定されるとしている．

27) Izumi, M. and Yamadera, N. : Behavior of Steel Reinforced Members under Torsion and Bending Fatigue, IABSE, Brussels, pp.265–266, 1990
鉄筋および SRC 部材のねじり強度に関する実験的研究．鉄筋および SRC 部材の曲げ疲労試験で，鉄筋コンクリート部材が SRC 部材より約 25%疲労強度が高いという結論である．

28) 松岡和夫：ねじりを受ける SRC 部材の設計，構造物設計資料，No.60, pp.10–13，1979.12
組合せ力を受ける SRC（鉄骨鉄筋コンクリート）部材の実験と設計法の提案．

29) Victor, D. J. et al. : Prestressed and Reinforced Concrete T-Beams under Combined Bending and Torsion, ACI Journal, pp.526–532, Oct. 1978
T 形断面の 59 本の供試体によるねじり挙動の研究．破壊モードを 3 モードに分類．各々に対する算定式を提案．

30) Rangan, B. V. et al. : Strength of Prestressed Concrete I-beams in Combined Torsion and Bending, ACI Jurnal, pp.612–618, November 1978
長方形と I 形断面を有する PC 供試体の曲げ，ねじりの組合せ荷重に対する強度を斜め曲げ理論により解析した研究．破壊モードを 2 つの形式としている．ここで重要なことは，フランジとウェブを結合する横方向鉄筋がねじりに対して抵抗することである．

31) Po, S. Y. et al. : Analysis of Complete Response Process of Cracked Reinforced Concrete T-Beams under Torsion, The Second East Asia-Pacific Conference on Structural Engineering and Construction, Chiang

Mai, pp.98-101, 1989
T形および逆L形断面の供試体を使用しての実験的研究．T形あるいはL形断面を各長方形断面に分割して設計する可能性を示している．

32) 泉　満明：円形断面を有するコンクリート部材のねじり挙動，プレストレストコンクリート，No.5, pp.69-77, 1996
立体トラス理論および斜め曲げ理論の両方による円形断面の鉄筋，プレストレストコンクリート，繊維補強コンクリート部材のねじり挙動の研究，終局強度算定式の提案がされている．

33) Foure, B. et al. : Comportement en torsion mixte et flexion des poutres en béton armé a profil ouvert, Annales, No.505, pp.78-118, No.506, pp.114-155, 1992
フランスにおける研究であり，開断面を有する鉄筋コンクリート部材の複合ねじりと曲げの組合せ力を受ける場合の挙動について研究されたものである．大型の薄肉I形断面へのねじりと曲げの組合せ載荷によりその挙動を調べた実験的研究である．

34) 泉　満明：ねじりと曲げを受けるコンクリート部材の終局強度と設計法，土木学会論文報告集，No.327, pp.139-150, 1982.11
鉄筋，SRCコンクリート部材の大型供試体による曲げとねじりの組合せ力を受けた場合の挙動についての研究．斜め曲げ理論と立体トラス理論の合理的な適用範囲の検討および曲げとねじりの組合せモーメントに対して2次放物線の相関曲線を提案している．

35) Elfgren, L. et al. : Torsion-Bending-Shear Interaction for Concrete Beams, ASCE Structural Division, pp.1657-1676, August 1974
斜め曲げ理論による組合せ力を受ける鉄筋コンクリート部材の挙動に関する研究，相関関係曲線，相関曲面の提案．

36) Ewida, A. A. et al. : Torsion-Shear-Flexure Interaction in Reinforced Concrete Members, Magazine of Concrete Research, Vol.33, No.115, pp.113-122, June 1981
斜め破壊面に基づいた組合せ力を受ける鉄筋コンクリート部材の終局強度に関する相関関係曲線および相関曲面の研究．

37) Ojha, S. K. : Deformation of Reinforced Concrete Rectangular Beams

under Combined, ACI Journal, pp.383–391, August 1974
立体トラス理論に基づく長方形部材のねじり，曲げ，せん断の組合せに対する破壊強度，回転角，ひび割れについての研究．

38) Zararis, P. D. et al. : Reinforced Concrete T-Beams in Torsion and Bending, ACI Journal, pp.145–155, January–February 1986
長方形とT形のフランジ幅を変えた鉄筋コンクリート部材のねじりと曲げの組合せに関する実験的研究．ねじりに対するフランジの有効幅は厚さの6倍程度としている．曲げとねじりの組合せの場合は斜め曲げ理論が M/M_t の比が小さい場合には合理的である．

39) 佐伯 昇，他3名：ねじりと純曲げの組み合わせ荷重を受ける鉄筋コンクリート部材の耐力，土木学会論文集，No.442/V-16，pp.35–41，1992
長方形断面の供試体を用い，結論の一つとして，曲げ–ねじりの破壊相関関係曲線は解析により bi-linear の直線に近似できるとしている．

40) 采尾直久，児島孝之，高木宣章：純ねじりを受ける PRC はりの終局耐力へのプレストレスの影響，コンクリート工学年次論文報告集，Vol.16，No.2，pp.937–942，1994
10体の供試体による実験的研究．PRC 部材に交番純ねじり載荷を行い，終局ねじり耐力の増大のためには導入プレストレス量を大きくすることが必要としている．

41) 竹村寿一，狩野芳一，中山達雄：ねじりと曲げせん断を受ける部材のじん性制御の可能性について，第6回コンクリート工学年次講演論文集，pp.537–540，1984
ねじりを含む組合せ応力が発生する梁において，強度のみでなく靱性の確保を目的とした実用設計法の可能性についての研究．

42) Ali, M. A. et al. : Toward a Rational Approach for Design of Minimum Torsion Reinforcement, ACI Structural Journal, pp.40–45, January–February 1999
鉄筋コンクリート部材の脆性破壊を防止するための最小鉄筋量に関する研究．ACI 基準に基づいた計算例も示されている．

43) 土屋智史，津野和宏，前川宏一：常時偏心軸力と交番ねじり・曲げ/せん断力を複合載荷した RC 柱の非線型三次元有限要素立体解析，土木学会論文

集, No.683/V-52, pp.131–143, 2001
T 形の橋脚構造を想定し，常時偏心軸力と交番組合せ力を受ける RC 部材を有限要素により解析したもので，供試体による実験結果と理論による研究．コンクリート構造の新しい解析方法を示したものである．

3.2 ねじり剛性

44) Hsu, T. T. C. : Post-Cracking Torsional Rigidity of Reinforced Concrete Sections, ACI Journal, pp.352–356, May 1973
立体トラス理論による鉄筋コンクリートの長方形，円形断面部材のひび割れ発生後のねじり剛性に関する研究．

45) Lampert, P. : Postcracking Stiffness of Reinforced Concrete Beams in Torsion and Bending, ACI SP-35, pp.385–433, 1973
立体トラス理論による鉄筋コンクリート部材（正方形の中実，中空断面，長方形の中空断面，T 形断面）のひび割れ発生後のねじり，ねじりと曲げを受けた場合などのねじり剛性に関する詳細な研究．

46) Tavio and Susanto Teng : Effective Torsional Rigidity of Reinforced Concrete Members, ACI Structural Journal, pp.252–260, March-April 2004
長方形断面の鉄筋コンクリート部材のひび割れ発生前，後のねじり剛性を 76 個の既往データに基づいて理論との比較検討を行った研究．

3.3 持続ねじりモーメントの影響

47) Karlsson, I. et al. : Long-Time Behavior of Reinforced Concrete Beams Subjected to Pure Torsion, ACI Journal, Proceedings, Vol.72, No.5, pp.280–283, June 1974
長期間の純ねじり載荷による鉄筋コンクリート部材の挙動．

48) Neville, A. M. et al. : Creep of Plain and Structural Concrete, Construction Press, pp.118–119, 343–347, 1983
無筋および鉄筋コンクリート部材のクリープによる変形，剛性についての記述あり．

49) Sharma, A. K. et al. : Sustained Load Tests in Torsion, ACI Journal,

Proceedings, Vol.78, No.3, pp.103–108, March–April 1980
小型の無筋，鉄筋，プレストレストコンクリート部材にねじり載荷を最大500日続けた研究．

50) 渡辺　明，その他3名：コンクリートのねじりクリープに関する実験，土木学会第28回年次学術講演会講演集第5部，pp.243–244，1973.10
円形断面のねじりクリープに関する実験的研究．クリープ係数は曲げの場合とほぼ同様で，長期には2.1となるとしている．

3.4 ねじりひび割れ幅

51) Regan, P. E. et al. : Limit State Design of Structural Concrete, Chatto and Windus (London), p.225, 1973
ねじりによるひび割れをせん断ひび割れと類似と仮定して算定式を提案している．

52) F. レオンハルト：コンクリート構造の限界状態と変形，鹿島出版会，pp.61, 1984
ねじりひび割れ幅の算定式．鉄筋の配置形式，その間隔とひび割れ幅に関する提案がされている．

3.5 繊維補強コンクリート

53) Nanni, A. : Design for Torsion Using Steel Fiber Reinforced Concrete, ACI Materials Journal, pp.556–564, November–December, 1990
既往の研究結果を整理して，提案した式の計算例も示している．

54) Craig, R. J. et al. : Fiber Reinforced Beams in Torsion, ACI Journal, pp.934–942, November–December 1986
小型の長方形断面で繊維補強の無筋コンクリート部材に関するねじり強度を研究．2種類の鋼繊維を使用して長い繊維の方が有効性が高いことを示し，結論で設計式を提案している．

55) Mansur, M. A. et al. : Torsional Response of Reinforced Fibrous Concrete Beams, ACI Structural Journal, pp.56–63, January–February 1989
この論文は日本の研究である．繊維補強コンクリートを使用した鉄筋コン

クリート部材について，中型の6本の供試体を使用しての研究．ひび割れの制御，圧縮場理論の適用とコンクリートのソフトニングについての検討がされている．

56) Tegos, I. A. : Fiber Reinforced Concrete Beams with Circular Section in Torsion, ACI Structural Journal, 7–8, pp.473–482, 1989
ねじりを受ける鋼繊維補強コンクリート円形断面部材の強度と補強効果の検討．

57) Narayanan, R. et al. : Torsion, Bending, and Shear in Prestressed Concrete Beams Containing Steel Fibers, ACI Journal, pp.423–431, May–June 1986
鋼繊維コンクリートによるPC部材の組合せ力に関する挙動の研究．

58) Narayanan, R. et al. : Torsion in Plain and Prestressed Concrete Beams Containing Polypropylene Fibres, Magazine of Concrete Research, Vol.36, No.126, pp.22–30, March 1984
合成樹脂繊維コンクリートによるPC部材のねじり試験．合成樹脂繊維によるコンクリートのねじり補強効果が認めにくい．

3.6 有孔梁のねじり挙動

59) 谷　吉雄：鉄筋コンクリート有孔梁の捩り抵抗について，日本建築学会論文報告集号外，pp.21–26, 1965.9
RC部材に孔がある場合のねじり挙動と孔周囲の補強効果に関する研究．

60) Akhtaruzzaman, A. A. et al. : Torsion in Concrete Deep Beams with an Opening, ACI Structural Journal, pp.35–42, January–February 1989
ディープビームの有孔梁についての研究である．中型の無筋コンクリート供試体5本を使用し，孔の大きさを変化させて梁の挙動を調べたものである．ねじり強度はコンクリート強度と孔の寸法に左右される．

61) Mansur, M. A. : Design of Reinforced Concrete Beams with Small Openings under Combined Loading, ACI Journal, 9–10, pp.675–682, 1999
長方形および正方形の孔を有する長方形断面部材に曲げとねじりモーメントの組合せを受けるRC部材の実験的研究と設計計算例が示されている．

3.7 交番ねじりモーメント

62) 長滝重義, 他3名：交番ねじりモーメントを受ける鉄筋コンクリート部材の力学性状に関する研究, 土木学会論文集, No.402/V-10, pp.135–144, 1989.2
最初のねじりひび割れ発生荷重より反対方向のねじりひび割れ荷重は低下する．交番ねじりモーメントの終局耐力は一方向のねじりモーメントの場合より低下し，この傾向は補強鉄筋比が大きいほど顕著に現れる．ひび割れ幅は鉄筋の平均ひずみで制御できる．

63) 久家秀龍, 川口直能：繰返しねじりを受ける鉄筋コンクリート部材の残存耐力, 土木学会第54回年次学術講演会, pp.614–615, 1999.9
小型のRC供試体による純ねじり試験．ねじり耐力，変形性状，剛性の研究．

64) 大塚久哲, 王 尭, 高田豊輔, 吉村 徹：純ねじりを受けるRC部材の履歴特性に影響を及ぼすパラメータに関する実験的研究, 土木学会論文集, No.739/V-60, pp.93–104, 2003.8
大型供試体を使用したねじりの交番載荷による実験的研究で，耐震性能の基本的資料であるエネルギー吸収性能を得るために，軸力，配筋量，形式およびコンクリート強度をパラメータとして研究を行った．その結果，復元力特性に関しては初期軸力と横鉄筋間隔の影響が大きい等が示されている．

3.8 ねじり疲労

65) 神山 一, 松島 博：鉄筋コンクリート部材のねじり疲労, セメント技術年報, pp.172–174, 1976
鉄筋コンクリート長方形断面の疲労強度についての研究．

66) 児島孝之, 坂 正行：コンクリート部材のねじり疲労性状に関する基礎的研究, 第2回コンクリート工学年次講演会論文集, pp.289–292, 1979
鉄筋コンクリート部材の100万回の疲労試験．

3.9 そりねじり関連

67) Hwang, C. S. and Hsu, T. T. C.：Mixed Torsion Analysis of Reinforced Concrete Channel Beams—A Fourier Series Approach, ACI Journal, pp.377–386, Sept.–Oct. 1983

比較的薄肉のコンクリート断面の解析にサン・ベナンのねじり理論とそりねじり理論を適用して解析した例を示した論文である．大型供試体の実験結果とも比較検討がなされた．提案したフーリエ解析の手法でひび割れ発生前，後での挙動の解析が可能であり，実験によると，部材のねじり挙動は桁端の横桁のひび割れに影響される．

68) 山田昌郎，清宮　理，横田　弘：合成版部材を用いた長大ケーソンのねじり性状，コンクリート工学年次論文報告集，13-2, pp.991–996, 1991
開断面部材におけるねじりによるそりの拘束で生じる応力によるひび割れの発生と鉄筋の降伏に及ぼす影響の検討．

3.10 その他（実際構造物への適用など）

69) 泉　満明：ねじり補強鉄筋の機能と設計，コンクリート工学，Vol.16, No.5, pp.12–15, May 1978
立体トラスの破壊モードを基本としての鉄筋による補強の原理と方法および用心鉄筋について示している．

70) 泉　満明，秋元泰輔，宮崎修輔：コンクリート構造物の配筋とそのディテール，技報堂出版，pp.72–73, 121–127, 1995
コンクリート部材の配筋，補強法を示したもので，ねじり補強，隅角部の配筋についての詳細が記述されている．

71) Park, R. and Paulay, T. : Reinforced Concrete Structures, Wiley-Interscience, pp.346–391, 1975
内容的には多少古いが，良く整理されていおり現在でも十分参考になる．

72) F. レオンハルト，E. メニッヒ：コンクリート構造の限界状態と変形，鹿島出版会，日本語訳 成井　信他3名，pp.58–61, 1984
ねじりに関するドイツにおける研究を中心にねじり補強鉄筋，ひび割れ幅等について参考になる内容である．

73) Mahmoud, A. R. Y. et al. : Dowel Action in Concrete Beams Subject to Torsion, ASCE, Vol.77, No.ST6, Pros. Paper 1276, pp.1263–1277, June 1980
長方形断面の鉄筋コンクリート部材にねじりひび割れモードをあらかじめ想定した供試体を作製し，軸鉄筋のねじりに関するジベル抵抗作用を研究．

軸方向鉄筋のねじり抵抗をHsuの提案式に累加し，終局ねじり強度式を提案している．

74) Fu, C. C. and Yang, D. : Designs of Concrete Bridges with Multiple Box Cells Due to Torsion Using Softened Truss Model, ACI Structural Journal, pp.696–702, November–December 1996
多箱桁，多重箱桁橋のねじりに対する設計方針と設計例を記述した論文．

75) 依田照彦，大浦　隆：波形鋼板ウェブを用いた合成PC箱桁のねじり特性について，構造工学論文集，Vol.39A, pp.85–90, 1993.3
ウェブに波形鋼板を用いた新しい構造のPC箱桁ねじり特性についての理論，および供試体を用いての研究．

76) 周　平，米倉亜州夫，他：FRP補強材を用いたPC梁の曲げ，ねじりの強さ，コンクリート工学年次論文報告集，Vol.16, No.2, pp.1081–1086, 1994
炭素繊維（CFRP）の緊張材および補強筋として使用したPC桁の曲げ，ねじりの組合せ力を受ける場合の挙動についての比較検討．

77) 村田二郎，国府勝郎，奥山勝也：ねじり抵抗くいの研究，セメント技術年報，29, pp.50–56, 1975
プレストレストコンクリート杭のねじり抵抗を増大させることを目的とした研究で，コンクリート杭のねじり圧入工法に関連している．

78) 池田尚治，津野和男，偉川哲光：高強度スパイラル筋を用いたPC杭のねじり耐力に関する実験，プレストレストコンクリート，Vol.20, No.1, pp.6–9, 1978
プレストレストコンクリート杭のねじり耐力および靱性の改善を図るための実験的研究

79) 泉　満明，阿部源次，中条友義：目地を有するPC部材のねじり強度，プレストレストコンクリート，Vol.31, No.2, pp.16–22, 1989
プレキャストブロック工法によるPC部材の目地部および部材全体のねじり挙動についての実験的研究．

80) 松島　博：ねじりを受けるプレキャストコンクリート接合部材の挙動，土木学会論文報告集，No.328, pp.135–144, 1982.12
目地を有する長方形断面のプレストレストコンクリート中型供試体119体

による実験的研究.

81) 戸塚　学, 津野和男, 泉　満明：逆 L 型構造物隅角部の捩り応力についての一考察, 第 27 回土木学会年次学術講演会概要集, pp.245–246, 1972
   光弾性実験による L 形構造物の曲げが捩りモーメントに変化する隅角部の応力分布に関する研究.

82) 津野和男, 泉　満明：コンクリート構造物の隅角部設計法 (その 3), 土木技術, 29 巻 11 号, p.32, 1972.11
   鉄筋および PC 構造物の隅角部の設計について, 弾性理論, 光弾性による研究, 実用設計および配筋について記述がされている.

83) Vollum, R. L. et al. : Towards the Design of Reinforced Concrete Eccentric Beam-column Joints, Magazine of Concrete Research, Vol.51, No.6, pp.397–407, Dec. 1999
   構造物中における部材の結合部のねじり強度に関する研究.

84) Mo, Y. L. et al. : Response of Box Tubes to Dynamically Applied Torsion, Magazine of Concrete Research, Vol.46, No.166, pp.1–6, Mar. 1994
   構造部材としての中空断面部材のねじり挙動を構造物の耐震設計に適用するための研究.

85) Muttoni, A. et al. : Design of Concrete Structures with Stress Fields, Birkhauser, pp.52–56, 1996
   コンクリート部材に力が作用した場合の内力の分布をタイ (引張材) とストラット (圧縮材) に置き換えて合理的に補強方法を示している.

86) 近藤益央, 他 2 名：偏心モーメントが作用する鉄筋コンクリート橋脚のねじれに関する研究, 第 1 回地震時保有耐力法に基づく橋梁の耐震設計に関するシンポジュウム講演論文集, pp.163–166, 1998.1
   逆 L 形橋脚についての研究

87) 小坂寛己, 他 5 名：ねじりモーメントが作用する RC 橋脚の耐震性能確認実験, 文献 86) と同一の論文集, pp.167–170
   中型の RC 橋脚供試体に偏心荷重を繰り返し載荷した実験的研究.

88) Nawy, E. G. : Reinforced Concrete—A Fundamental Approach, Pren-

tice Hall International, pp.212–243, 1995
RC 部材のねじり補強に関する鋼材形状，配置などについての一般的提案．

付録2 コンクリート部材設計式関連

1. 塑性トラス理論の基本方程式 [1]

　曲げモーメント，せん断力，ねじりモーメントおよび軸力の基本的な釣合い方程式を**表1**に示す．この表は，文献1)のTABLE 3.1に著者が手を加えたものである．

表1　釣合い方程式

概　要	釣合い式	降伏強度
曲げモーメント $M=A_s f_s (jd)$	$A_l f_{ly} - C = 0$ $M = A_l f_{ly}(jd)$	$\alpha = 90°$ $M_y = A_l f_{ly}(jd)$
せん断力 $V = q d_v$	$V = q d_v$ $\overline{F_l} = n_t d_v$ $V = \overline{F_l} \tan\alpha$ $V = n_t d_v \cot\alpha$ $V = (\sigma_d h_e) d_v \sin\alpha \cos\alpha$	$\tan\alpha = \sqrt{n_{ty}/(\overline{F_{ly}}/d_v)}$ $V_y = d_v \sqrt{(\overline{F_{ly}}/d_v) n_{ty}}$
	土木学会の設計式 $V_{sd} = \left\{ \dfrac{A_w f_{wyd}(\sin\alpha_s + \cos\alpha_s)}{s_s} \right\} z$	
ねじりモーメント	$M_t = q(2A_m)$ $\overline{F_l} = n_t u_0$ $M_t = (\overline{F_l}/u_0)(2A_m)\tan\alpha$ $M_t = n_t(2A_m)\cot\alpha$ $M_t = (\sigma_d h)(2A_m)\sin\alpha\cos\alpha$	$\tan\alpha = \sqrt{n_{ty}/(\overline{F_{ly}}/u_0)}$ $M_{ty} = 2A_0 \sqrt{(\overline{F_{ly}}/p_0) n_{ty}}$
	土木学会の設計式 $M_{tyd} = 2A_m \sqrt{q_w \cdot q_l}$, $\left(q_w = \dfrac{A_{tw} f_{wd}}{s_s}, q_l = \dfrac{\sum A_{tl} f_{ld}}{u_0} \right)$	
軸力	$N = A_l f_{ly} + A_l f_{ly}$ $N = 2A_l f_{ly}$	$N'_y = 2A_l f_{ly}$

2. 二方向モーメントに関するコンクリート部材の算定法

(1) 軸力と二方向の曲げを受ける部材設計

鉛直荷重の圧縮域,引張域 (a) および水平荷重の圧縮域,引張域 (b) を合成すると図1 (c) に示すようになる.

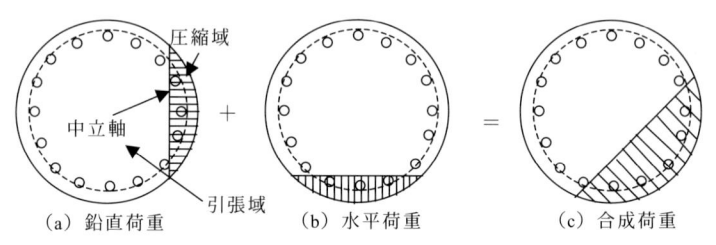

図1 鉛直および水平荷重による合成

(2) 二軸曲げモーメントの部材設計の検討[2)]

二軸曲げモーメントの柱断面として図2に示すように e_x と e_y に荷重 N が作用しているとする.したがって,

$$M_x = Ne_y \quad (1)$$
$$M_y = Ne_x \quad (2)$$

となる.二軸曲げモーメント (M_{xy}) については,

$$M_{xy} = (M_x^2 + M_y^2)^{1/2} \quad (3)$$

によって表される.

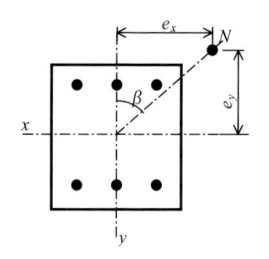

図2 断面図

(i) $e_x = 0$ の場合

図2より $\beta = 0°$ である.軸力 N および曲げモーメント M_x が柱部材に作用している.相関曲線は図3の A_1A_2 である.これは,軸力 N と設計曲げ耐力 M_{ux} の相関曲線である.

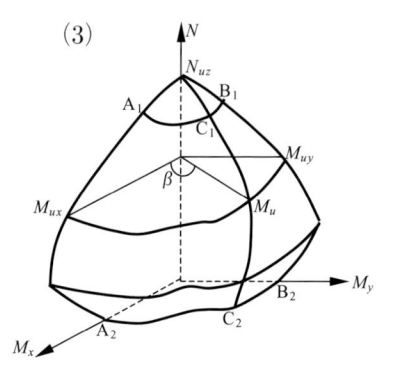

図3 軸力と曲げモーメントの相関曲線

（ii）$e_y = 0$ の場合

図2より $\beta = 90°$ である．軸力 N および曲げモーメント M_y が柱部材に作用している．相関曲線は図3の B_1B_2 である．これは，軸力 N と設計曲げ耐力 M_{uy} の相関曲線である．

（iii）e_x, e_y の場合

図2の β は，次式で定義される．

$$\beta = \frac{M_x}{M_y} = \frac{Ne_y}{Ne_x} = \frac{e_y}{e_x} \tag{4}$$

軸力 N，曲げモーメント M_x および曲げモーメント M_y が柱部材に作用している．相関曲線は図3の C_1C_2 である．これは，軸力 N と設計曲げ耐力 M_{ux} の相関曲線である．

よって，二軸曲げモーメントの相関関係の式として次式を用いる．

$$\left(\frac{M_x}{M_{ux}}\right)^{\alpha_n} + \left(\frac{M_y}{M_{uy}}\right)^{\alpha_n} = 1 \tag{5}$$

ここで，M_x：x 軸の設計曲げモーメント，M_y：y 軸の設計曲げモーメント
$\quad M_{ux}$：x 軸の設計曲げ耐力，M_{uy}：y 軸の設計曲げ耐力
$\quad N$：軸力
N_{ud}：$0.85f'_c A_c + \sum A_l f_{ly}$
$\quad$ここで，f'_c：コンクリート圧縮強度
$\quad\quad A_c$：コンクリート全断面積
$\quad\quad \sum A_l$：全鋼材量
$\quad\quad f_{ly}$：鋼材の降伏強度
$\quad\quad \alpha_n$：N/N_{ud} による係数．α_n についての値を表2に示す．

表2 α_n の係数

N/N_{ud}	$\leqq 0.2$	0.4	0.6	$\geqq 0.8$
α_n	1.0	1.33	1.67	2.0

(3) 二軸曲げ耐力の算定方法の仮定

二軸曲げ耐力の算定の断面として，図4を示す．

ここで，A_s：鉄筋量，β：M_x と M_y のなす角度である．

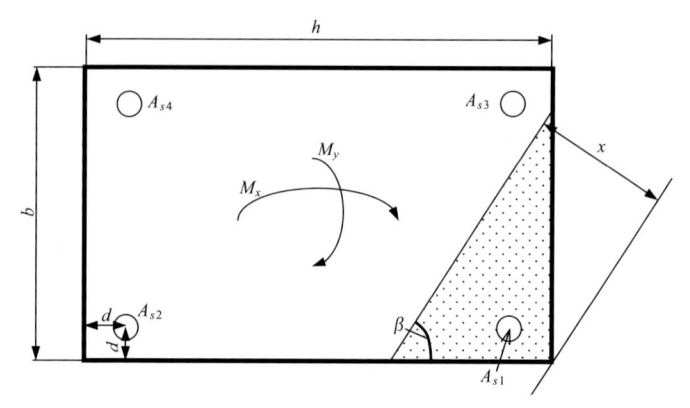

図4 設計二軸曲げ耐力の断面図

断面に M_x および M_y 作用時の二軸曲げモーメントは，式 (5) で算定を行う．二軸曲げモーメントによる角度 β は，次式となる．

$$\beta = \arctan \frac{M_x}{M_y} \tag{6}$$

(a) コンクリート合力 C'_c および作用点 y_c の算定

台形または三角形による2種類に分けられる．
- 三角形の場合

$$\begin{aligned}
\text{コンクリート合力} \quad & C'_c = \frac{0.85 f'_c}{2} \left(\frac{0.8x}{\cos(90-\beta)} \right)^2 \tan \beta \\
\text{作用点} \quad & y_c = \frac{0.8x}{3} + 0.2x
\end{aligned} \tag{7}$$

ここで，f'_c：コンクリートの設計基準強度である．
- 台形の場合

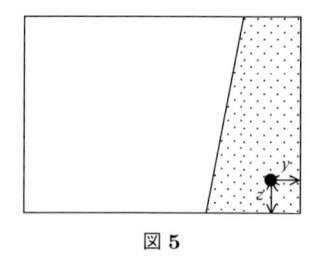

図 5 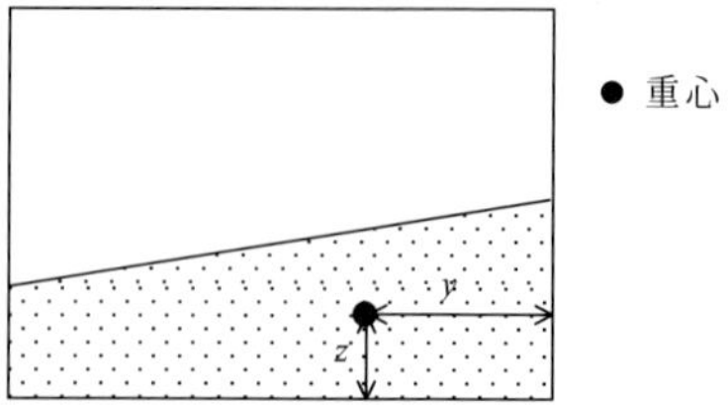   図 6

2. 二方向モーメントに関するコンクリート部材の算定法 / 167

・図 5 の場合

$$\text{コンクリート合力 } C'_c = \frac{0.85 f'_c b}{2}\left(2\frac{0.8x}{\cos(90-\beta)} - \frac{b}{\tan\beta}\right)$$

$$\text{中立軸から作用点までの距離 } y_c = \left(\frac{x}{\tan(90-\beta)} - \frac{z}{\tan\beta} - y\right)\cos(90-\beta)$$

$$y = \frac{\{0.8x/\cos(90-\beta) - b/\tan\beta\}^2 b + b^2/\tan\beta\{b/3\tan\beta + 0.8x/\cos(90-\beta) - b/\tan\beta\}}{2\{0.8x/\cos(90-\beta) - b/\tan\beta\}b + b^2/\tan\beta}$$

$$z = \frac{\{0.8x/\cos(90-\beta) - b/\tan\beta\}b^2 + b^3/3\tan\beta}{2\{0.8x/\cos(90-\beta) - b/\tan\beta\}b + b^2/\tan\beta}$$

(8)

・図 6 の場合

$$\text{コンクリート合力 } C'_c = \frac{0.85 f'_c h}{2}\left(2\frac{0.8x}{\cos(90-\beta)} - h\right)\tan\beta$$

$$\text{中立軸から作用点までの距離 } y_c = \left(\frac{x}{\tan(90-\beta)} - \frac{z}{\tan\beta} - y\right)\cos(90-\beta)$$

$$y = \frac{h^2\{0.8x/\cos(90-\beta) - h\}\tan\beta + h^3\tan\beta/3}{2h\{0.8x/\cos(90-\beta)\}\tan\beta + h^2\tan\beta}$$

$$z = \frac{h\{0.8x/\cos(90-\beta) - h\}^2\tan\beta + h^3\tan^2\beta/3}{2h\{0.8x/\cos(90-\beta)\}\tan\beta + h^2\tan\beta}$$

(9)

(b) 鋼材合力 C'_s, T_s および中立軸から作用点までの距離 y'_s, y_s の算定

・圧縮鋼材 A_{s1} の場合

$$\text{圧縮鋼材合力}\quad C'_s = A_{s1} f_{ly}$$

$$\text{作用点}\quad y'_s = \left(\frac{x}{\tan(90-\beta)} - \frac{d}{\tan\beta} - d\right)\cos(90-\beta)$$

(10)

ここで, f_{ly}：鋼材の降伏強度である.

・引張鋼材 A_{s2}, A_{s3}, A_{s4} の場合

$$\text{引張鋼材合力 } T_s = A_{s2} f_{ly}$$

ここで, A_{s3} および A_{s4} も同様な求め方で算定できる.

中立軸から作用点までの距離

$$y_{s2} = \left(\frac{x}{\tan(90-\beta)} - \frac{d}{\tan\beta} - (h-d) \right) \cos(90-\beta)$$

中立軸から作用点までの距離

$$y_{s3} = \left(\frac{x}{\tan(90-\beta)} - \frac{(b-d)}{\tan\beta} - d \right) \cos(90-\beta) \tag{11}$$

中立軸から作用点までの距離

$$y_{s4} = \left(\frac{x}{\tan(90-\beta)} - \frac{(b-d)}{\tan\alpha} - (h-d) \right) \cos(90-\beta)$$

ここで注意ごととして，作用点 y_{s2}, y_{s3}, y_{s4} はマイナスの値が算出されるが，絶対値をとることにより中立軸からの作用点までの距離を算定することができる．

二軸曲げ耐力の算定は，上述の式を用いて通常の曲げ耐力の算定方法と同様に行うことができる．

3. ひび割れ発生後の剛性低下 [3], [4]

(1) 曲げ剛性低下，ねじり剛性低下

コンクリート部材にはひび割れが発生すると剛性低下が起こる．剛性低下は，不静定構造における部材間のモーメントの再分配に影響を与えるので終局荷重時の構造部材解析に必要である．

一般的な部材の補強鋼材量と剛性の低下の関連を図 7 に示す．

図 7 より，一般的なねじり補強鋼材量の場合には，ひび割れ発生後のねじり剛性はひび割れ発生前の 10%以下と推定できる．また通常の補強の場合は，ひび割れ発生後の曲げ剛性はひび割れ発生前の 60%以下と推定できる．

また，ねじり剛性低下は以下のようなことが示されている．

①ひび割れが生じたときには，ねじり剛性は 10%になる．

②ひび割れが生じ，せん断破壊が生じたときには，ねじり剛性は 5%になる．

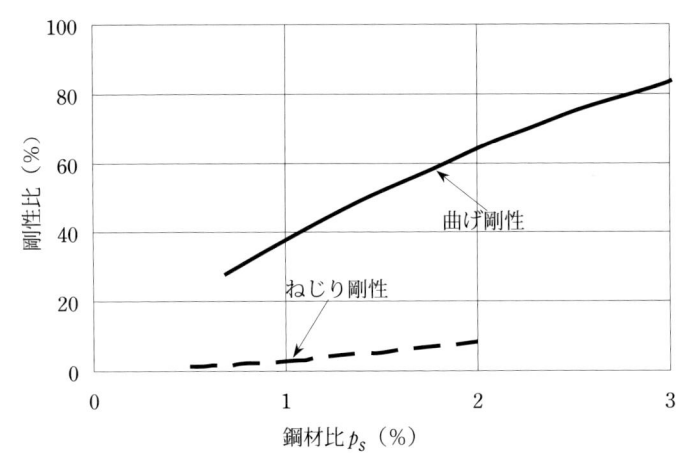

図 7 曲げ，ねじりひび割れ発生前，後のねじり剛性の比較

● 参考文献
1) Hsu, T. T. C. : Unified Theory of Reinforced Concrete, CRC Press, pp.89, 1998
2) Kong, F. K. et al. : Reinforced and Prestressed Concrete, Van Nostrand Reinfold (UK), pp.271–273, 1987
3) 吉川弘道：鉄筋コンクリートの解析と設計―限界状態設計法の考え方と適用―，丸善，pp.214–225，2000
4) F. レオンハルト：コンクリート構造の限界状態と変形，鹿島出版会，pp.106–172，1984

索引

【あ】

圧縮斜材の角度　12
圧縮場理論　125

SRC部材のねじり　130
円形断面　128

【か】

階段構造　7

逆L形橋脚　33, 56
曲線桁　4, 33
曲線桁橋　47

組合せ力設計法　77, 105, 122
クリープの影響　140
繰返しねじり　157

結合部のねじり強度　160

高強度スパイラル筋　159
剛性低下　86
鋼繊維コンクリート　131
交番ねじりモーメント　157
降伏力比　14
コンクリートの斜め圧縮部材　12

【さ】

最大相関曲線　23
3次元のラーメン構造　7
St. Venantねじり　9

軸方向釣合い鉄筋比　134
地震時保有水平耐力法　86
斜材角度　25
純圧縮強度　27
純せん断強度　13
純ねじり強度　16
純ねじりモーメント　9
純曲げ強度　13

静的解析　62
正方形断面　128
繊維補強コンクリート　131, 155
せん断およびねじりの相関関係　18
せん断と曲げの組合せ　12
せん断と曲げの相関関係　17
せん断流の全長　16

相関関係　9, 10
相関関係曲線　23
相関関係式　22
塑性トラスモデル　9, 11
塑性ヒンジ区間　62
そりねじり理論　158
そりの拘束　159

【た】

第1の破壊モード　13
第2の破壊モード　14
第3の破壊モード　24
耐震壁の配置　6

長方形断面　127

釣合い鉄筋比　　134
釣合いねじり　　1, 2
釣合いねじりモーメント　2

動的解析　　62
トラスアナロジー　12
トラスモデル　12

【な】

斜め床版橋　3
斜め曲げ理論　10, 11, 18, 125

二軸曲げ耐力　165
二軸曲げモーメント　164

ねじ込み杭　7
ねじり剛性　2, 132
ねじり剛性低下　37, 168
ねじり設計有効断面積　28, 136
ねじり抵抗くい　159
ねじりと曲げ　15
ねじりひび割れ　138
ねじりひび割れ幅　138
ねじり疲労　143, 157
ねじりモーメント　16
ねじり有効断面　136

【は】

破壊相関関係面　23
PC部材のねじり強度　129

ひずみの適合条件　18
非線形回転バネ　62
非対称構造　6

部材設計の流れ　30
浮体構造物　7
プレキャスト部材の目地部のねじり強度　138

変形適合ねじり　1, 2

骨組構造モデル　56, 60

【ま】

曲げ剛性低下　37, 133

無筋コンクリート部材のねじり　150
無次元の相関関係式　17

【や】

有孔梁の捩り抵抗　156

横方向釣合い鉄筋比　134

【ら】

ラーメン構造　5, 33

累加設計法　77, 105, 122

●著者紹介

泉　　満　明（いずみ　みつあき）

1958 年　東京都立大学工学部土木工学科卒業
同　　年　極東鋼弦コンクリート振興(株)入社(設計部)
1960 年　首都高速道路公団工務部　入社
1974 年　同神奈川建設局設計課長
1977 年　同工務部設計技術課調査役
1981 年　名城大学理工学部教授

1963 年　フランス留学
1976 年　プレストレストコンクリート技術協会賞受賞
1981 年　工学博士
1983 年　土木学会吉田賞受賞

著　書
『スラブ橋の設計』(共著，オーム社，1962)
『ねじりを受けるコンクリート部材の設計法』(技報堂出版，1972)
『鉄骨鉄筋コンクリート土木構造物の設計』(共著，オーム社，1976)
『コンクリート構造物の配筋とそのディテール』(共著，技報堂出版，1995)
その他 8 冊

組合せ力を受けるコンクリート部材の設計　定価はカバーに表示してあります

2004 年 10 月 10 日　1 版 1 刷　発行　　　　ISBN 4-7655-1671-7　C3051

著　者　泉　　　　満　　　明
発行者　長　　　　祥　　　隆
発行所　技報堂出版株式会社
〒102-0075　東京都千代田区三番町 8-7
(第 25 興和ビル)

日本書籍出版協会会員
自然科学書協会会員　　　　　　電　話　営業　(03) (5215) 3165
工　学　書　協　会　会　員　　　　　　　　　編集　(03) (5215) 3161
土木・建築書協会会員　　　　　F A X　　　(03) (5215) 3233
　　　　　　　　　　　　　　　振　替　口　座　　00140-4-10
Printed in Japan　　　　　　　http://www.gihodoshuppan.co.jp/

Ⓒ Mitsuaki Izumi, 2004　　　　装幀　海保　透　　印刷・製本　三美印刷

落丁・乱丁はお取り替えいたします。
本書の無断複写は，著作権法上での例外を除き，禁じられています。

● 小社刊行図書のご案内 ●

非破壊試験を用いた**土木コンクリート構造物の健全度診断マニュアル**	土木研究所・日本構造物診断技術協会編著　A5・234頁
エコセメントコンクリート利用技術マニュアル	土木研究所編著　A5・118頁
構造設計概論	清宮 理著　A5・266頁
海洋コンクリート構造物の**防食** Q&A	プレストレスト・コンクリート建設業協会編　A5・192頁
橋梁の耐震設計と耐震補強	Priestley, Seible, Calvi 著/川島 監訳　A5・514頁
橋はなぜ美しいのか —その構造と美的設計—	大泉楯著　A5・182頁
コンクリート橋のリハビリテーション	Mallett 著/望月・上田・宮川 訳　A5・276頁
コンクリート構造物の配筋とそのディテール	泉満明/秋元泰輔/宮崎修輔 著　B5・278頁
橋梁工学(第2版)	宮本裕ほか著　A5・330頁
コンクリートの水密性とコンクリート構造物の水密性設計	村田二郎著　A5・160頁
ネビルのコンクリートバイブル	Neville 著/三浦尚訳　A5・990頁

橋梁工学ハンドブック　橋梁工学ハンドブック編集委員会 編

編集委員長　東京大学名誉教授　伊藤 學

B5判・上製・箱入り　1,300頁

斯界の第一線の執筆者による橋梁技術の集大成!!

橋梁新時代に向けて,橋梁技術者に求められる計画/設計/施工/維持管理全般にわたる幅広い最新知見を網羅.
新・道路橋示方書に準拠.

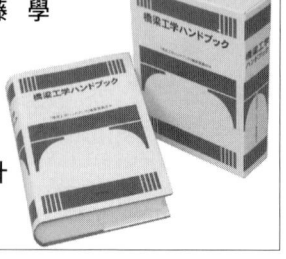

技報堂出版　TEL 編集 03(5215)3161　営業 03(5215)3165
　　　　　　FAX 03(5215)3233